EDA技术实践教程

赵艳华　主　编

龚丽农　李新成

和晓锋　温　利　副主编

中国电力出版社
CHINA ELECTRIC POWER PRESS

内容提要

本书根据电子设计自动化 EDA 实践教学的特点，分基础知识篇和实验与课程设计篇，由浅入深地讲解了 EDA 软件 Quartus Ⅱ 的开发流程，并结合课程进度和实践环节的需要，编写了实验项目。书中第 1 章和第 2 章介绍了 Quartus Ⅱ 6.0 的开发流程和使用技巧，可供初学者进行基础操作和入门学习。第 3 章简明扼要的列出了 VHDL 硬件描述语言和 Verilog HDL 语言的语法要素和语法格式，供实验者速查参考。第 4 章和第 5 章介绍了两种常见的 EDA 实验系统的构成和使用方法。第 6 章是基础实验部分，根据课程进度，可选择开展其中的部分实验。第 7 章是综合实验项目，可作为课程设计和实习实践环节的选题进行设计。

本书采用双色印刷，版面活泼、明晰，易为学生接受。编写融通用性、专业性、知识性、趣味性于一体，为 EDA 实验课程的理想教材。

本书可作为高等学校电子、电气类专业及相关专业的本、专科生实验教材及参考书。

图书在版编目（CIP）数据

EDA 技术实践教程/赵艳华主编. —北京：中国电力出版社，2014.2
ISBN 978 - 7 - 5123 - 5200 - 1

Ⅰ.①E… Ⅱ.①赵… Ⅲ.①电子电路－电路设计－计算机辅助设计－教材 Ⅳ.①TN702

中国版本图书馆 CIP 数据核字（2013）第 272879 号

中国电力出版社出版、发行
（北京市东城区北京站西街 19 号 100005 http：//www.cepp.sgcc.com.cn）
航远印刷有限公司印刷
各地新华书店经售

*

2014 年 2 月第一版 2014 年 2 月北京第一次印刷
787 毫米×1092 毫米 16 开本 10 印张 255 千字
印数 0001—3000 册 定价 28.00 元

前 言

　　随着 EDA 技术的发展，其在电子信息、通信、自动控制及计算机领域的重要性日益突出。相应的，随着技术市场与人才市场对 EDA 技术需求的不断提高，产品的市场和技术要求也必然反映到教学和科研领域中来。

　　实验技能是科技工作者的一项基本功，实验教学是高等院校重要的教学环节。EDA 的实验教学中面临着软件操作复杂、理论教学学时有限、学生语法掌握粗略浅显等问题，因此，一本能够辅助学生顺利开展入门实验的教程就显得尤为重要。

　　本书针对 EDA 的实验教学环节的特点与需求，详细介绍了 EDA 软件 Quartus Ⅱ 的开发流程，并结合课程进度和实践环节的需要，编写了实验项目。软件介绍中，除了基本操作流程，还将设计中常见的软件问题进行了说明，能够帮助学生尽快的掌握软件使用方法。

　　本书第 1 章和第 2 章较为详细地介绍了 Quartus Ⅱ 6.0 的开发流程和使用技巧，可供初学者进行基础操作和入门学习。第 3 章简明扼要地列出了 VHDL 硬件描述语言和 Verilog HDL 语言的语法要素和语法格式，供实验者在实验过程中速查参考。第 4 章和第 5 章介绍了两种常见的 EDA 实验系统的构成和使用方法。第 6 章是基础实验部分，根据课程进度，可选择开展其中的部分实验。第 7 章是综合实验项目，可作为课程设计和实习实践环节的选题进行设计。

　　参与本书编写的有赵艳华、龚丽农、李新成、和晓锋、温利，全书由赵艳华统稿。其中第 3 章由龚丽农、温利、和晓锋编写，第 5 章由李新成编写，其余章节由赵艳华编写。本书编写过程中得到了自控教研室多位老师的大力支持，在此一并表示感谢。

　　由于编者水平有限，时间仓促，书中难免存在不妥和疏漏之处，恳请读者批评指正。

编者

目录

前言

基础知识篇

第1章 Quartus Ⅱ 6.0 软件操作指南 ················· 3
1.1 Quartus Ⅱ 6.0 简介 ························· 3
1.2 设计流程操作指南 ························· 4
1.2.1 建立新工程 ····················· 4
1.2.2 设计输入 ······················· 9
1.2.3 分析与综合 ····················· 11
1.2.4 适配 ························· 12
1.2.5 全程编译 ······················· 12
1.2.6 时序仿真 ······················· 13
1.2.7 电路观察器 ····················· 19
1.2.8 打开原有工程 ··················· 19
1.2.9 引脚分配与下载 ················· 19
1.3 Project Navigator 与工程管理 ············· 23
1.3.1 【Hierarchy】标签页 ··············· 24
1.3.2 【Files】标签页 ················· 25
1.3.3 工程文件管理 ··················· 26
第2章 Quartus Ⅱ 应用技巧 ················· 30
2.1 原理图编辑器 ························· 30
2.1.1 原理图编辑工具栏 ··············· 30
2.1.2 添加原理图符号 ················· 32
2.1.3 导线绘制与命名 ················· 33
2.2 波形文件编辑器 ······················· 37
2.2.1 波形编辑界面 ··················· 37
2.2.2 波形编辑工具栏 ················· 39
2.2.3 仿真设置 ······················· 42
2.3 用原理图输入法进行设计 ················· 43
2.4 资源分配编辑器 ······················· 51
2.4.1 用户界面和主要功能 ············· 51

2.4.2 【Pin Planner】 ·· 52

2.5 工程设置 ·· 54

2.6 嵌入式逻辑分析仪的应用 ·· 59

    2.6.1 SignalTap II 文件的建立 ·· 59

    2.6.2 逻辑分析仪的使用操作 ··· 61

2.7 切换界面模式 ·· 65

第3章 实用语法速查 ·· 67

3.1 VHDL 语法要素速查 ·· 67

    3.1.1 VHDL 标识符命名规则 ·· 67

    3.1.2 VHDL 数值表达方式 ·· 68

    3.1.3 VHDL 操作符 ·· 69

3.2 VHDL 语句格式速查 ·· 72

3.3 Verilog HDL 语法要素 ·· 82

    3.3.1 Verilog HDL 标识符 ··· 82

    3.3.2 Verilog HDL 注释 ··· 82

    3.3.3 Verilog 的四种逻辑值 ··· 82

    3.3.4 Verilog HDL 数据类型 ·· 83

    3.3.5 运算符 ·· 85

3.4 Verilog HDL 语句格式速查 ·· 88

    3.4.1 设计单元：模块 ·· 88

    3.4.2 声明 ·· 89

    3.4.3 模块并行执行语句格式 ·· 90

    3.4.4 顺序执行语句 ·· 92

第4章 GW48 教学实验系统说明 ··· 94

4.1 GW48 系列教学实验系统原理与使用介绍 ································ 94

    4.1.1 GW48 系统使用注意事项 ······································ 94

    4.1.2 系统构成与使用方法 ·· 94

4.2 实验电路结构图 ·· 100

    4.2.1 实验电路信号资源符号图说明 ································· 100

    4.2.2 各实验电路结构图特点 ······································· 101

4.3 GW48-PK 系统结构图信号名与芯片引脚对照表 ······················· 112

第5章 RC-EDA 实验开发系统简介 ·· 117

实 验 与 课 程 设 计 篇

第6章 基础实验 ··· 127

6.1 实验操作注意事项 ·· 127

6.2 实验总结与实验报告要求 ·· 127

6.3　基础实验项目 ……………………………………………………………… 128

实验 1　仪器的熟悉及简单组合电路的设计 ………………………………… 128

实验 2　4 位硬件加法器 VHDL 设计 ………………………………………… 128

实验 3　触发器的设计 ………………………………………………………… 129

实验 4　含异步清零和同步时钟使能的 4 位加法计数器 …………………… 130

实验 5　7 段数码显示译码器设计 …………………………………………… 130

实验 6　组合逻辑电路设计 …………………………………………………… 132

实验 7　三人裁判表决器设计 ………………………………………………… 134

实验 8　扫描显示电路的驱动 ………………………………………………… 134

实验 9　用状态机实现序列检测器的设计 …………………………………… 134

实验 10　用状态机对 ADC0809 的采样控制电路实现 ……………………… 135

实验 11　组合电路设计 ……………………………………………………… 135

实验 12　VGA 显示接口设计实验 …………………………………………… 136

实验 13　二进制码转换成 BCD 码 …………………………………………… 137

第 7 章　课程设计 …………………………………………………………………… 139

7.1　概述 ………………………………………………………………………… 139

7.2　课程设计内容 ……………………………………………………………… 139

设计 1　数字式竞赛抢答器 …………………………………………………… 139

设计 2　数字钟 ………………………………………………………………… 140

设计 3　数字频率计 …………………………………………………………… 140

设计 4　拔河游戏机 …………………………………………………………… 141

设计 5　乒乓球比赛游戏机 …………………………………………………… 141

设计 6　交通信号灯控制器 …………………………………………………… 142

设计 7　电子密码锁 …………………………………………………………… 143

设计 8　彩灯控制器 …………………………………………………………… 143

设计 9　脉冲按键电话显示器 ………………………………………………… 143

设计 10　简易电子琴 ………………………………………………………… 144

设计 11　出租车自动计费器 ………………………………………………… 144

设计 12　洗衣机控制器 ……………………………………………………… 145

设计 13　秒表设计 …………………………………………………………… 145

设计 14　简易函数信号发生器设计 ………………………………………… 145

设计 15　采用流水线技术设计高速数字相关器 …………………………… 146

设计 16　循环冗余校验（CRC）模块设计 ………………………………… 147

设计 17　FPGA 步进电机细分驱动控制设计 ……………………………… 150

设计 18　直流电机的 PWM 控制 …………………………………………… 151

设计 19　测相仪设计 ………………………………………………………… 153

基础知识篇

Quartus Ⅱ 6.0 软件操作指南

Quartus Ⅱ 应用技巧

实用语法速查

GW48教学实验系统说明

RC-EDA实验开发系统简介

第1章

Quartus Ⅱ 6.0 软件操作指南

1.1　Quartus Ⅱ 6.0 简介

对于初步接触电子设计自动化（Electronics Design Automation，EDA）设计技术的读者，首先需要熟悉开发软件的应用环境，因此本章将着重介绍 Quartus Ⅱ 6.0 的应用方法。本章介绍中的应用实例，均属比较简单的设计，读者可先不必深究语法细节，而将重点放在熟练运用开发环境上。

Altera Quartus Ⅱ软件提供完整的多平台设计环境，能够直接满足特定的设计需要，为 CPLD/FPGA 开发和可编程片上系统（SOPC）提供全面的设计环境。Quartus Ⅱ软件含有 FPGA 和 CPLD 设计所有阶段的解决方案。在 Quartus Ⅱ 6.0 中，设计者可以依照个人偏好，自定义开发环境的布局、菜单、命令和图表等。初次打开 Quartus Ⅱ 6.0 软件时，可在 Quartus Ⅱ用户界面和 MAX＋PLUS Ⅱ用户界面之间进行选择，满足不同类型用户的需求。

在桌面上双击 Quartus Ⅱ的快捷图标或者执行【程序】/【Altera】/【Quartus Ⅱ 6.0】/【Quartus Ⅱ 6.0】命令，启动 Quartus Ⅱ 6.0 程序，出现如图 1-1 所示的启动界面。

进入用户界面后，可见其默认界面如图 1-2 所示。用户界面由标题栏、菜单栏、工具栏、工程导航窗口、状态显示窗口、信息提示窗口及工程工作区等区域构成。进入用户界面后，用户可以在菜单栏上执行【Tools】/【Customize】命令，在弹出的【Customize】对话框中根据个人操作习惯，自定义 Quartus Ⅱ软件的布局、菜单、命令和图标。

图 1-1　Quartus Ⅱ 6.0 启动界面

典型的 Quartus Ⅱ设计流程如图 1-3 所示。结合本流程图，本章将引导读者逐步建立工程、完成设计输入、进行仿真，直至完成编程配置。本章内容将着重于步骤介绍，对各个编辑器及实用工具不做详细介绍。读者可参考第 4 章内容，熟悉它们的详细操作与设置。另外读者在操作过程中，对不熟悉的界面或工具，可查找 Quartus Ⅱ的帮助信息（【Help】菜单），获取相关介绍。

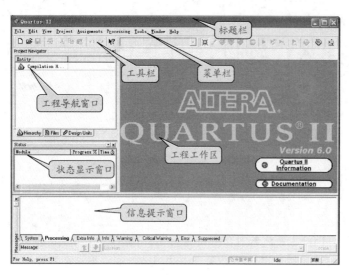

图1-2　Quartus Ⅱ 6.0用户界面

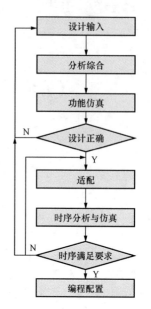

图1-3　Quartus Ⅱ典型的
EDA设计流程

1.2　设计流程操作指南

　　和目前多数软件开发环境相同，Quartus Ⅱ 6.0对设计项目也采取工程管理模式。即在一个工程下，可以包含多个设计文件，通过工程管理，可以随时根据设计需要调整各个设计文件之间的层次结构关系。可以将其他设计资源加入本工程，也可将某些设计文件从本工程中移除。工程管理使得EDA开发过程变得更加灵活。

1.2.1　建立新工程

　　完成一个设计任务，或者进行一项系统设计，都需要新建一个工程。Quartus Ⅱ 6.0（以下简称Quartus Ⅱ）工程包含在可编程器件中最终实现设计需要的所有设计文件、配置文件、层次管理文件、软件源文件和其他相关文件。在Quartus Ⅱ中，工程管理能够实现如下功能：使用Quartus Ⅱ模块编辑器、文本编辑器、MegaWizard插件管理器和EDA设计输入工具可以建立包括Altera宏功能模块、参数化宏单元库（LPM）和知识产权（IP）核在内的各种设计；使用修订，可以比较工程多个版本的设置和分配，更快、更有效地满足设计要求。

　　Quartus Ⅱ为用户提供了新工程建立向导【New Project Wizard】，通过该向导，用户可以完成建立新工程所需的基本步骤：定义工程的工作文件夹、设置工程名称、指定一个设计实体为工程的顶层实体（顶层实体可在工程设计过程中随时改变）。下面结合实验一的设计内容"二选一多路选择器"介绍如何通过【New Project Wizard】建立新工程。读者可跟随本书的介绍进行实际操作，更利于理解和掌握。

　　【实例讲解1-1】　**建立一个新的 Quartus Ⅱ 工程**

　　启动 Quartus Ⅱ 6.0，系统会在启动后自动弹出如图1-4所示的询问对话框，询问是否建立新工程。单击【是】按钮，进入新建工程向导【New Project Wizard】。

若未弹出上述询问对话框，在启动后的 Quartus Ⅱ 6.0 界面中，在菜单栏上执行【File】/【New Project Wizard】命令，也可以进入该向导。该向导首页是介绍页面，如图 1-5 所示。

图 1-4　建立新工程询问对话框

该页介绍了【New Project Wizard】的 5 项功能，包括：

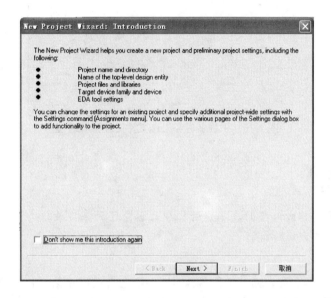

图 1-5　新建工程向导介绍页

（1）设置工程名称和工作文件夹。

（2）指定顶层实体的名称。

（3）工程中要包含的设计文件及库文件。

（4）该设计要使用的 CPLD/FPGA 目标器件的器件家族（系列）和具体器件型号。

（5）EDA 仿真工具的设置。

这 5 项功能将在后续的页面中，每页完成一项。另外，该页还提示用户，用户可以在系统主菜单的【Assignments】菜单中的【Settings】对话框中更改工程的各项设置，或者添加一些不同的工程设置。即本向导帮助用户建立初步的工程设置，用户可以在以后方便地利用菜单命令和对话框修订设置项或添加功能设置，本书将在后续介绍中说明这些菜单命令和对话框功能。

由于该页只是信息介绍页，用户熟悉这些内容后，可以勾选底部的复选框，不再显示该介绍信息。

单击【Next】按钮，进入【New Project Wizard】设置的第 1 页——【Directory，Name，Top-Level Entity】页面，如图 1-6 所示。在该页进行工作文件夹、工程名称、顶层实体名称的设置。

在该页面内包含了 3 个设置项。第一项即设置工作文件夹，单击右侧的浏览按钮，选择用户设计的工作文件夹。本例中，工作文件夹选择 f:/EDA Examples/MUX21A。

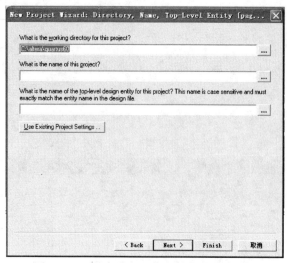

图 1-6　工程名称与工作文件夹设置对话框

注　意

　　选择工作文件夹时，不能选择硬盘各分区的根目录作为工作文件夹，否则会导致工程不能编译综合。

　　第二项即设置工程名称，输入工程名称时，系统会自动的在第三栏内同步的写出相同的顶层实体名称。如果用户要将顶层实体命名为不同的名称，可自行更改。但需注意，顶层实体名称必须与具体设计文件的实体名保持一致，并且在编译综合时应确保该设计文件作为顶层文件。初次接触的用户，建议保持该一致性，避免出现无法编译综合的情况。待熟悉系统各项设置之后，可随意设置顶层实体名称。本例中，将工程名和顶层实体名同设为"mux21a"，如图 1-7 所示。

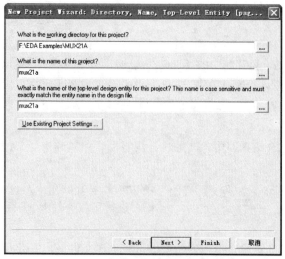

图 1-7　文件夹工程名称及实体设置

单击【Next】按钮，进入【New Project Wizard】的第 2 页——【Add Files（文件添加）】页面，如图 1 - 8 所示。

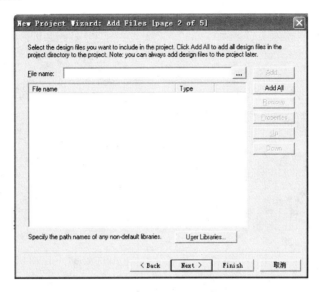

图 1 - 8　文件添加对话框

在该页进行设计文件及库文件的添加工作。单击【File name】文本框右侧的浏览按钮，可以选择不同路径下的设计文件，加入本工程。通过本页，也可以移除设计文件。单击下部的【User Libraries】按钮，弹出【User Libraries】对话框，将非默认库文件路径加入本工程，使其中的设计资源对本工程可见。本例中，要新建设计文件，所以不进行任何文件添加工作，也不需要添加其他库资源。

单击【浏览】按钮，进入【New Project Wizard】的第 3 页——【Family & Device Settings】［器件家族（系列）与型号设置］页面，如图 1 - 9 所示。

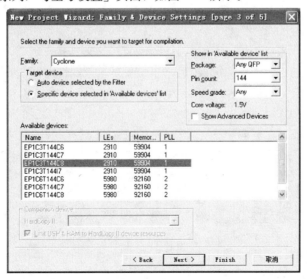

图 1 - 9　器件家族与型号设置对话框

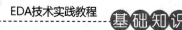

在该页进行目标器件的选择和指定，用户根据自己的硬件资源进行相应的选择，在选择具体器件的时候，首先要指定正确的器件家族（Family）。在【Family】文本框的下拉列表中选取正确的器件系列。各系列的芯片型号众多，可在【Available device】选项区域中看到属于该系列的器件型号列表，为了快速定位器件型号，可以使用页面右侧上方的过滤项。该过滤选项通过三栏内容：【Package（封装形式）】、【Pin count（引脚数）】、【Speed grade（速度等级）】来滤除不符合要求的器件型号，从而快速找到目标器件。

本例中，将目标器件选定为 Cyclone 系列的 EP1C3T144C8。用户可根据手头的硬件资源选择与目标器件相同的型号。因为适配与下载的过程要与硬件结合，如果器件型号选取与目标硬件不一致，会导致下载失败。

单击【Next】按钮，进入【New Project Wizard】的第 4 页——【EDA Tool Settings（EDA 工具设置）】页面，如图 1-10 所示。

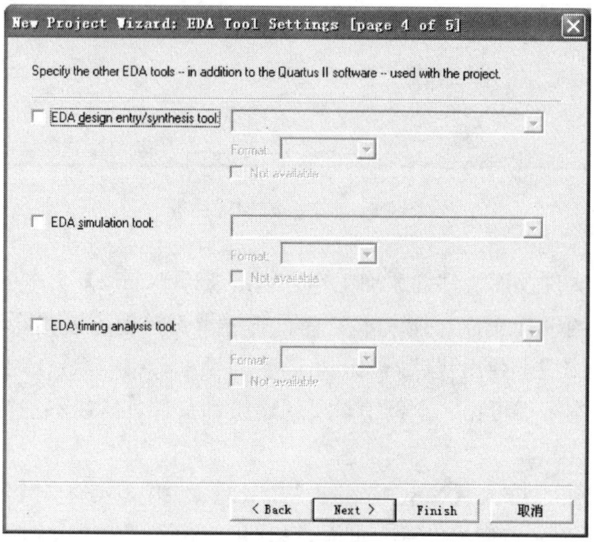

图 1-10　EDA 工具页面

在该页面内，用户可以选择 Altera 公司以外的第三方公司提供的其他 EDA 工具软件，前提是这些软件已经安装。本例中使用 Quartus Ⅱ 自带的工具软件即可，不经任何设置。

单击【Next】按钮，进入【New Project Wizard】的第 5 页——【Summary（工程信息汇总）】页面，如图 1-11 所示。

该页将用户通过新建工程向导【New Project Wizard】建立的新工程的所有信息进行总结，显示出来，用户如发现有需要修正的地方可单击【Back】按钮，回到前方页面修正。若所有设置均正确，则单击【Finish】按钮，完成新工程建立。

进入该工程设计界面如图 1-12 所示。

通过上面建立新工程的操作，读者应该基本掌握了【New Project Wizard】的使用。在工程建立过程中，若没有设计文件添加，或者不需要额外的 EDA 工具，则第 2 页和第 4 页的设置可以忽略。

工程设置为设计搭建了一个工作平台，具体设计功能的实现，则依靠设计文件来实现，接下来的工作就是设计输入。

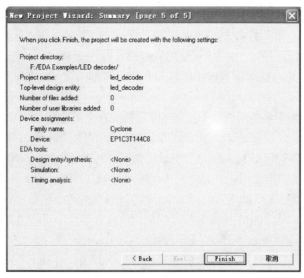

图 1-11 工程信息汇总页面

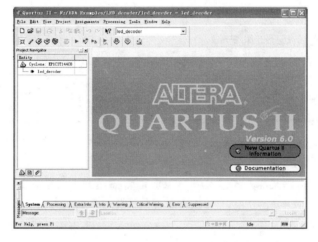

图 1-12 工程 LED decoder 的设计界面

1.2.2 设计输入

Quartus Ⅱ 6.0 支持多种设计输入方式。设计输入可以采用文本形式的文件（如 VHDL、Verilog HDL、AHDL 等）、存储器数据文件（如 HEX、MIF 等）、波形文件输入、原理图设计输入等。还可以采用第三方 EDA 工具产生的文件（如 EDIF、HDL、VQM 等）。另外，在一个工程中，还支持集中设计输入方法的混合输入方法。

下面简单介绍几种常用的设计输入方式。

1. Verilog HDL/VHDL 硬件描述语言设计输入

硬件描述语言（Hardware Description Language，HDL）设计是大型设计中通常采用的方式。目前比较流行或通用的 HDL 语言有 VHDL、Verilog HDL 等。它们的共同特点是易于实现自顶向下的设计方法，易于模块划分和复用，移植性好、通用性强，具有较好的硬件平台无关性，设计不因芯片工艺和结构的改变而改变，利于向 ASIC 的移植。HDL 语言文件是纯文本文件，用任何文本编辑器都可以编辑。有些编辑器集成了语言检查、语法辅助模板等功

能，给 HDL 语言设计和调试提供了极大便利。

Candence 公司是一家著名的 EDA 公司，在该公司的努力下，Verilog HDL 于 1995 年成为 IEEE 标准，也是民间公司第一个硬件描述语言标准，即 Verilog HDL 1364—1995。由于 Verilog HDL 语言是从 C 语言发展而来的，因此有 C 语言基础的设计人员能够较快入门。

2. AHDL（Altera Hardware Description Language，AHDL）设计输入

ALTERA 公司作为半导体器件公司，其 CPLD 器件在世界市场上占主导地位。该公司不仅是硬件生产厂商，也是 EDA 工具开发商。它的 EDA 工具软件 Quartus Ⅱ 由于人机界面友好、易于使用、性能优良，而在 FPGA、CPLD 器件设计领域得到广泛应用。AHDL 是 Altera 公司开发的针对本公司器件的硬件描述语言，只能用于 Altera 公司生产的 CPLD/FPGA 器件，其代码不能移植到其他公司的器件上（如 Xilinx、Lattice 等），所以通用性不强。AHDL 语法简洁，是完全集成到 Quartus Ⅱ 软件系统中的一种高级、模块化语言。但由于通用性差，使用较少。

3. 模块/原理图设计输入（Block Diagram/Schematic Files）

原理图输入是 CPLD/FPGA 设计中惯常采用的基本方法。各种 EDA 设计环境都包含这种输入方法。原理图输入法直观、易用，可直接调用元件库中的功能模块，以原理图的方式连接。功能强大、门类齐全的设计库是原理图设计输入方式顺利实施的重要保证。而元件库通常由不同公司提供，也就具有不同的结构特点，因此，涉及在不同公司器件间进行设计移植的时候，往往需要做较大改动甚至重新设计。

4. 利用 Mega Wizard Plug-In Manager 生成宏功能模块/IP 核

利用 Quartus Ⅱ 提供的 Mega Wizard Plug-In Manager 生成可参数化设计的宏功能模块，能够很好地整合硬件资源，同时可以降低开发难度，缩短开发周期。

HDL 语言来自不同地方，由不同语言演变而来，为了各平台之间相互转换，又推出了 EDIF（Electronic Design Interchange Format）。它不是一种语言，而是用于不同数据格式的 EDA 工具之间的交换设计数据。

在本示例工程中，以文本方式输入用 VHDL 语言描述的七段数码管译码器的设计。读者可跟随下面的操作步骤进行实际操作。

图 1-13　新建设计文件对话框

💻【实例讲解 1-2】　**VHDL 文本设计输入**

（1）在主菜单上执行【File】/【New】命令，或者单击工具栏上的新建按钮 ，系统弹出【New】对话框，如图 1-13 所示。

（2）选择 VHDL File 文件类型，单击【OK】按钮，建立空白 VHDL 设计文件 VHDL1.vhd。单击【保存】按钮 ，或者在主菜单上执行【File】/【Save】命令，保存设计文件，注意命名为 "mux21a.vhd"，与工程建立时设置的顶层实体名称一致。

将数码管译码器的 VHDL 语言描述输入，代码如下所示。保存程序，设计输入就完成了。

```
ENTITY mux21a IS
  PORT(a,b,s : IN bit;
```

```
    y : OUT bit);
END mux21a;
ARCHITECTURE bhv OF mux21a IS
BEGIN
  y< = a WHEN s = '1' ELSE
        b;
END bhv;
```

程序说明：该程序的功能是二选一多路选择器。在选择信号 s 的控制下，从 a 和 b 两路信号中选择一路，从 y 端口输出。

完成设计输入后，接下来的工作是进行程序的分析与综合。

1.2.3　分析与综合

Quartus II 编译器包含多个独立的功能模块：设计（语法和原理图）纠错、逻辑综合、将设计适配给相应硬件、产生各种输出文件（时序分析、仿真、软件建立 software building）、编程下载等。设计过程中，既可以单独运行其中一个功能模块，也可以全部运行。要将所有的编译器模块作为完整编译的整体来运行，在【processing】菜单中执行【Start ompilation】命令。也可以单独运行每个模块，从【Processing】菜单的【Start】子菜单中执行用户希望启动的命令。用户还可以逐步运行一些编译模块。例如，在分析与综合的流程中，有多个命令对应此功能或其中部分功能，下面列出其中部分常用命令。

1.【Analyze current file】——分析当前文件，检查语法错误

设计输入完毕，为了检查程序中是否存在语法错误，可在主菜单上执行【Processing】/

【Analyze current file】命令进行语法错误检查。若【Processing】菜单中此命令为灰色不可用状态，请检查是否设计文件打开为当前文件。若无语法错误，系统分析后弹出如图 1 - 14 所示的信息对话框。由于该命令只进行语法错误检查，因此通过该分析流程的设计文件仍然可能在后续的分析综合过程中出现错误（error）或警告（warning）。

图 1 - 14　语法分析成功对话框

工程中存在多个文件时，该命令只针对打开为当前文件的一个文件进行分析，对于其他文件，即便打开，只要不是显示在视图顶层的当前文件，就不进行处理。

若程序中存在语法错误，则系统会提示分析流程未成功，并列出存在的错误数目和警告数目，如图 1 - 15 所示。

单击【确定】按钮，关闭该对话框后，用户可以阅读位于工作区下方的信息提示栏，查看具体错误信息。双击错误信息提示行，可以定位源程序中错误所在的大体位置。

图 1 - 15　语法分析未通过对话框

用户需要在分析执行的过程中停止该流程，单击快捷工具栏上的【STOP】按钮，即可停止该命令执行，也可通过在菜单栏上执行【Processing】/【Stop Processing】命令停止该命令执行。

2.【Start Analysis & Elaboration】

该命令所在位置：【Processing】/【Start】/【Start Analysis & Elaboration】。该命令功能：保存各个打开的文件，通过分析与综合对当前设计执行部分编译功能，检查其语法错误。通过该命令执行编译后，可以通过 RTL Viewer（电路观察器）查看系统综合出的逻辑电路结构，还可以通过 Project Navigator（工程导航栏）查看设计的层次结构。

3.【Start Analysis & Synthesis】——分析与综合

在快捷工具栏上单击 ▽ 按钮，或者在主菜单上执行【Processing】/【Start】/【Start Analysis & Synthesis】命令，运行分析与综合流程。对于设计文件，在不执行【Analyze current file】命令的情况下，也可直接执行此命令，该流程中也包含了语法错误检查的功能。执行该命令后，系统整合当前设计的所有设计文件，形成网表文件并建立该设计的数据库，若设计无误，则系统弹出如图 1 - 16 所示信息对话框提示分析与综合成功执行。

分析与综合过程中出现错误或警告时，同样会弹出相应信息提示对话框。用户确定后，可通过工作区下方的【Message】信息显示栏查看错误类型，定位错误信息。有时虽然出现警告信息，但不影响系统的分析与综合过程通过，此时，用户可根据错误类型决定是否采取修正措施。

通过分析与综合的过程后，即可通过 RTL 电路观察器查看当前设计经系统综合后生成的逻辑图。在菜单栏上执行【Tools】/【Netlist Viewer】/【RTL Viewer】命令，系统即运行电路观察器，查看当前设计生成的逻辑电路。前述 mux21a.vhd 数码管译码器经综合后从 RTL 电路观察器看到的逻辑电路如图 1 - 17 所示。

图 1 - 16　分析与综合成功提示对话框

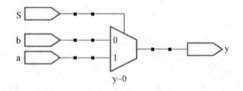

图 1 - 17　RTL 电路观察器

1.2.4　适配

在 Quarturs Ⅱ 提供的开发环境中，即提供了单独的适配（Fitter）指令，也可以通过运行全程编译命令完成适配过程。在菜单上执行【Processing】/【Start】/【Start Fitter】命令，将当前设计的逻辑电路适配到目标器件中。运行此命令之前，必须已经运行分析与综合命令【Start Analysis & Synthesis】并成功。适配也可通过运行全程编译命令完成。

1.2.5　全程编译

从主菜单上执行【Processing】/【Start Compilation】命令，也可单击工具栏上的 ▶ 按钮，执行全程编译（Start Simulation）命令。该命令是一项综合命令，它包含了语法排错、网表文件生成与提取、逻辑综合、适配生成编程配置文件等各项工作，囊括了前述各个分析、综合、适配的命令，因此称为全程编译。执行此命令后，即可获得用于下载到目标器件的配置文件。编译成功后，系统会弹出如图 1-18 所示的提示框。

图 1-18 全编译成功提示框

1.2.6 时序仿真

为了验证设计的逻辑功能和内部时序的正确性，需要对设计进行时序仿真。仿真验证可以通过多种方式进行，如可以利用第三方仿真软件 Modelsim 进行，也可利用 Quartus II 自带的仿真工具进行。下面介绍通过 Quartus II 的波形编辑器建立波形矢量文件并进行仿真的方法。

建立波形矢量文件时，把设计实体的各个输入/输出端口全部引入到文件中，根据实体的功能特性，对输入端口的信号波形进行设置。运行仿真后，系统的仿真器会根据设计描述的功能，给出实体的输出波形。根据输出波形，可以判断出设计描述是否正确，是否达到了设计目标的功能要求，这就是仿真的意义。

图 1-19 新建波形文件

【实例讲解 1-3】 建立波形矢量文件并进行仿真

（1）建立波形文件，打开波形编辑器。在菜单上执行【File】/【New】命令，或单击工具栏上的 按钮，在【New】对话框内选择【Other Files】标签页，在文件类型列表中选择【Waveform Vector File】选项，如图 1-19 所示。单击【OK】按钮，建立波形文件。

（2）单击【OK】按钮，建立新波形文件，即进入波形编辑器。波形编辑器默认界面如图 1-20 所示。

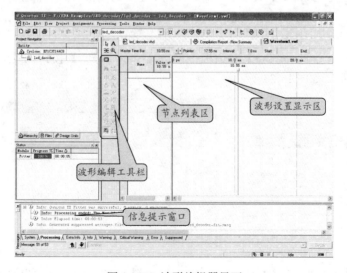

图 1-20 波形编辑器界面

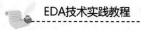

（3）设置仿真截止时间。在菜单栏上执行【Edit】/【End Time】命令，弹出【End Time】设置对话框，如图 1-21 所示。在【Time】文本框中，更改仿真时间为 10，单位仍选择微秒。单击【OK】按钮，完成设置。

图 1-21　仿真截止时间设置

说明：运行时序仿真之前，要根据设计的功能和时序特点设置合理的仿真截止时间，即系统运行时序仿真的时间轴长度。时间过短，可能不能遍历各种逻辑状态，无法实现完整功能仿真；时间过长，增加系统的工作量，减缓仿真的运行速度。通常可将截止时间设为几十微秒。系统默认仿真截止时间为 1μs。

（4）保存波形文件。单击工具栏上的 按钮，或在菜单上执行【File】/【Save】命令，以默认名称 mux21a. vwf 保存文件。

（5）将设计 mux21a 的端口名引入该波形文件。方法如下：双击波形编辑器的空白节点列表区，弹出如图 1-22 所示【Insert Node or Bus】插入节点或总线对话框。

（6）可以通过在【Name】文本框中输入设计中定义的端口名称，然后单击【OK】按钮引入各个仿真节点。另外也可以通过【Node Finder】节点查找器来加载节点信息。以下采用节点查找器引入节点。

（7）在【Insert Node or Bus】对话框中单击【Node Finder】按钮，弹出【Node Finder】节点查找器对话框，如图 1-23 所示。

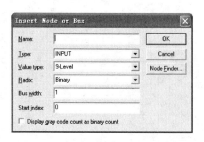

图 1-22　插入节点或总线对话框

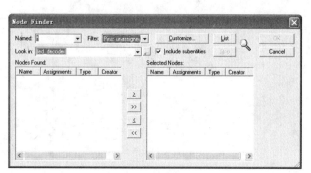

图 1-23　节点查找器对话框

（8）因为引脚尚未指定，因此在【Filter】过滤匹配栏中选择【Pins：unassigned】选项，单击【List】按钮，在【Nodes found】一栏内会列出匹配的已找到节点，如图1-24所示。

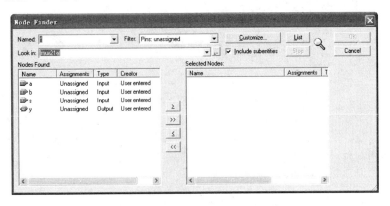

图1-24　已找到的节点

（9）选择已找到节点，加入到【Select Nodes】选中节点列表区域内。单击选中已找到节点中的一项（单击同时按住 Ctrl 键或 Shift 键，可选中多项），再单击 ▷ 按钮，即可将选中节点加入到选中节点区域。也可单击 ▷▷ 按钮，将所有找到的节点加入选中节点区域，本例单击 ▷▷ 按钮将所有节点引入，如图1-25所示。

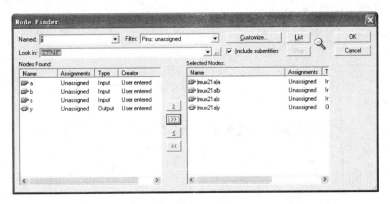

图1-25　引入所有节点

提示：要更改选中的节点列表时，选中要撤销的节点，单击 ◁ 按钮即可从选中区域中清除此节点。要清除全部选中的节点，单击 ◁◁ 按钮即可。

（10）单击【OK】按钮，退出节点查找器，回到【Insert Node or Bus】对话框。再次单击【OK】按钮，回到波形编辑器。选中的节点就出现在波形编辑器的节点列表区内，如图1-26所示。

（11）设置输入节点的波形。单击节点列表中的输入端口"a"，使之变成蓝色编辑状态，此时波形编辑器左侧的波形设置工具栏变成了可用状态，如图1-27所示。

（12）单击 ⓧ 按钮，进入【Clock】对话框，如图1-28（a）所示。在该对话框的【Time Period】区域内，将【Period】（周期）一栏的值输入为"200"，单位为"ns"，其他项目保持默认值不变。这样就把"a"端口的波形设置为周期为200ns的方波波形。同样方法，再将"b"端口的波形设置为周期400ns的方波波形，如图1-28（b）所示。

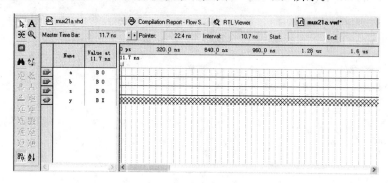

图1-26　引入节点的波形文件

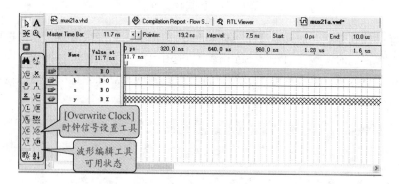

图1-27　波形编辑

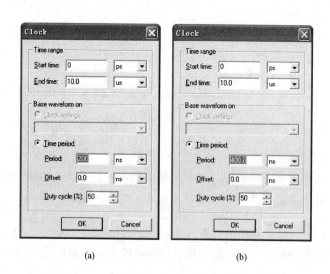

(a)　　　　　　　　　　　(b)

图1-28　【Clock（时钟设置）】对话框
(a) a路信号；(b) b路信号

　　(13) 单击【确定】按钮，结束din的波形设置，回到波形文件编辑页面，单击缩放工具按钮，进入视图缩放状态，在波形区域内右击，缩小视图比例（单击放大），设置完毕的波形如图 1-29 所示。

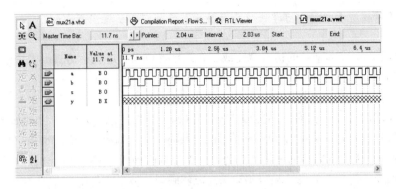

图 1-29　ab 两路仿真输入波形设置

（14）在 s 信号的波形编辑区域内，用鼠标指针选中一段时间段，待其变成蓝色后，在左边波形编辑工具栏上单击 【Forcing High】 按钮，使其波形置 1，如图 1-30 所示。同样方式，再选择"s"信号上间隔开的其他时间段波形，并设置为 1。

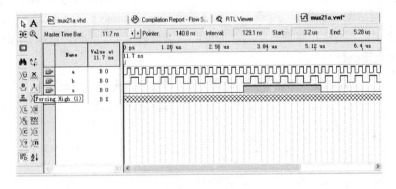

图 1-30　s 信号设置

（15）单击工具栏上的 【仿真运行】 按钮，或者在菜单栏上执行 【Processing】/【Start Simulation】 命令，运行仿真，直到系统提示"Simulation was successful"，仿真结束。系统生成临时文件 Simulation Report 报告仿真结果，如图 1-31 所示。

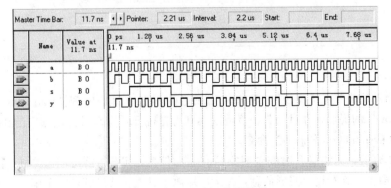

图 1-31　mux21a 仿真结果

 提示：为清晰观看波形，可单击【全屏显示】按钮☐将该视图最大化。

这样对设计 mux21a. vhd 的仿真就完成了，设计者可以通过观察仿真报告中的波形分析逻辑设计的正确性。

以下是在仿真过程中容易遇到的问题，供读者参考。

（1）若在启动仿真运行后，不能成功运行仿真，并在信息提示栏内出现如下提示信息："Error：Can't continue timing simulation because delay annotation information for design is missing"，说明对设计未进行完整的分析与综合，或者设计改动后未进行新的全程编译。这时可再次运行全程编译，使相关的设计端口驱动信息能够映射到波形文件中。

图 1-32　仿真无输入文件提示

（2）若在运行仿真后，出现如图1-32 所示信息提示，说明在工程中未能正确设置仿真所需的仿真输入文件。对此，可通过在菜单栏上执行【Assignments】/【Settings】命令，弹出【Settings】对话框，如图 1-33 所示。在【Simulator Settings】选项区域中，将【Simulation Input】文本框通过选择路径指定到本工程的波形输入文件"mux21a. vwf"即可。再次运行仿真，即可正确执行。

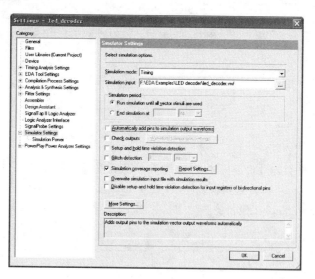

图 1-33　仿真输入文件设置

（3）若启动仿真运行后，未出现仿真完成后的图形，而是出现"Can't open Simulation Report Window"的提示，并且报告仿真成功，则可自行打开仿真报告，方法是在菜单上执行【Processing】/【Simulation Report】命令。

（4）若仿真后，无法展开时间轴观察所有波形信息，可先在菜单栏上执行【View】/【Fit in Window】命令，查看整个波形信息，在运用缩放工具放大波形到适当范围。

1.2.7 电路观察器

在 Quartus II 中执行完毕【Start Analysis & Synthesis】或者【Start Compiling】命令之后，即可通过电路观察器（RTL Viewer）查看设计文件通过分析与综合之后生成的逻辑电路构成。在菜单栏上执行【Tools】/【Netlist Viewers】/【RTL Viewer】命令，系统即处理相关网表文件，生成逻辑电路图。本例生成的电路图已在图 1-17 中给出，读者可通过此方法自行查看设计生成的逻辑电路。

1.2.8 打开原有工程

在 Quartus II 中打开原有工程，可以在菜单栏上执行【File】/【Open Project】命令，在保存工程的目录下找到带有◙标志的工程文件，打开即可。另外也可以通过执行【File】/【Open】命令打开工程，但要注意此种方式默认打开设计文件，所以要在【打开】对话框内，将【文件类型】一栏设置为【Project Files（ * . qpf； * . quartus）】选项，可以方便地找到工程文件。如果要打开的工程是最近编辑过的，可以通过执行另一菜单命令【File】/【Recent Projects】，在其子菜单中选择要打开的工程即可。

1.2.9 引脚分配与下载

设计文件经过上述步骤的处理之后，就可以将其针对目标器件进行引脚分配（Pin Assignment），经全程编译后下载，以实际硬件验证逻辑的实现是否正确。硬件测试无误后，就可以对配置芯片进行编程，达到掉电不丢失的目的，完成 FPGA 的设计流程。对于 CPLD 芯片，自身可实现掉电不丢失，所以无需配置芯片保存配置信息，下载后设计的逻辑即保存在器件内部。

一、引脚分配

引脚分配是将逻辑设计的输入/输出端口与硬件相结合，将其指定到目标器件的 I/O 口上或具有特定功能的引脚，如 clk 输入脚上。这样，CPLD/FPGA 目标芯片外围的硬件资源就可和芯片内的逻辑实现连接，以配合芯片内的逻辑设计工作。

引脚分配之前，要首先了解目标系统的硬件资源的连接方式，熟悉 CPLD/FPGA 目标芯片的引脚与外围哪些电路相连。对于一些实验系统，有采用将 CPLD/FPGA 目标芯片的引脚引出，由实验者通过连接线将其与外部资源连接的方式，这种方式的优点是自由度大，实验者可随意使用可用的 I/O 口，缺点是每次实验插接线麻烦，频繁插接容易损坏目标芯片的引脚。还有一些实验系统，能够通过电路模式选择改变目标芯片与外围资源的连接线路，其优点是不需接线，操作简单，缺点是电路模式有限，实验自由度小。

这里以杭州康芯电子有限公司的 GW48 系列 SOPC/EDA 实验开发系统为例进行说明。该实验系统通过电路模式选择改变目标芯片与外围资源的连接方式，其电路结构参阅本书 4.2.2 节电路模式图 4-4～图 4-19。对于此译码器的设计，可以在 a、b 两个输入端口上送入不同频率的时钟信号，用按键控制选择信号端 s，输出 y 送到蜂鸣器上，使其鸣叫，多路选择器引脚分配见表 1-1。

表 1-1 多路选择器引脚分配参考

端口名	I/O	连接目标	模式图号	引脚号	说明
a	输入	CLK0	CLK0	93	256Hz
b	输入	CLK2	CLK2	16	1024Hz
s	输入	按键1	PIO0	1	信号选择
y	输出	蜂鸣器	SPEAKER	129	音频响应

确定电路连接方式和引脚对应关系后，就可以进行引脚分配操作了。在 mux21a 工程打开且编译无误的基础上（请确认工程指定的目标器件与实验系统的器件类型一致），引脚分配具体步骤如下。

【实例讲解 1-4】 引脚分配

（1）在菜单栏上执行【Assignment】/【Assignment Editor】命令，如图 1-34 所示。

（2）进入【Assignment Editor（资源分配编辑器）】，编辑器界面如图 1-35 所示。

（3）在【Category】目录栏中，从过滤项的下拉列表中选择【Pin】选项，或者单击右侧的快捷按钮 ◍ Pin，进入引脚分配状态，可见下方的资源分配列表区域的项目发生变化。

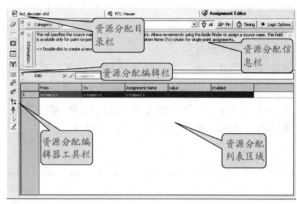

图 1-34 执行【Assignment Editor（资源分配编辑器）】命令

图 1-35 Assignment Editor（资源分配编辑器）

（4）在列表区【To】栏内，双击下方的【New】，出现本工程的输入/输出端口名称，依次选择要分配引脚的端口；再双击【Location】栏下方对应的【New】，出现目标器件的所有可分配引脚序号，将端口名与引脚号按照正确的对应关系分配即可。图 1-36 所示为引脚分配完毕的界面。

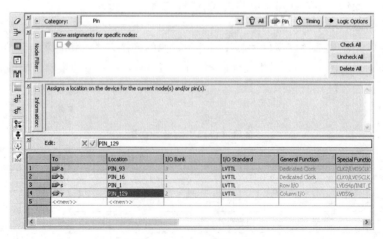

图 1-36 引脚分配

（5）引脚分配完毕，再运行一次全程编译（在菜单栏上执行【Processing】/【Start Compil-ation】命令或者单击工具栏上的 ▶ 按钮），将引脚分配信息编译到编程下载文件中，这样就可以准备编程下载进行硬件验证了。

二、编程与配置

Altera FPGA 器件的配置方式有多种，包括 FPGA 主动（Active）方式、FPGA 被动（Passive）方式和 JTAG 方式。JTAG 是 IEEE 1149.1 边界扫描测试的标准接口，绝大多 Altera FPGA 器件都支持这种接口配置方式。

由计算机下载到目标器件需要专用的下载电缆连接。伴随 Altera FPGA 器件的发展，下载电缆也在不断升级变化，目前应用较多的是 ByteBlaster Ⅱ 和 USB Blaster。

用户在进行下载之前，首先确定自己的下载电缆类型，另外要看目标器件是否连接了专用的配置芯片，从而具有掉电不丢失的功能，并且决定是否选择向配置芯片中编程下载，这些都决定了进行编程配置过程中的选择与设置。

在康芯 GW48 系列 SOPC/EDA 实验开发系统中，提供了 ByteBlaster Ⅱ 的下载电缆，并且在此实验中无需保留设计，下载后带电测试即可。

经过引脚分配，并运行了全程编译后，系统编译产生的 SOF 配置文件即可下载到目标器件中进行硬件测试。

【实例讲解 1 - 5】 硬件测试

（1）硬件连接。将实验系统的下载线与计算机并口连接好，打开电源。在 Quartus Ⅱ 主菜单栏上执行【Tools】/【Programmer】命令，或者在工具栏上单击 🖉 按钮，进入编程下载界面，该界面对应文件名为 mux21a. cdf，如图 1 - 37 所示。

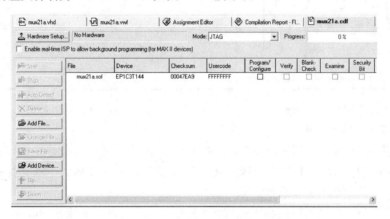

图 1 - 37　编程下载界面

（2）硬件添加。单击 🚇 Hardware Setup... 按钮，弹出【Hardware Setup（硬件安装）】对话框，如图 1 - 38 所示。在【Currently selected hardware（当前选择的硬件）】栏内显示"No Hardware（无硬件）"信息。在【Available Hardware items（可选硬件项目）】列表内也为空白，表明当前还没有添加硬件。

（3）单击【Hardware Setup】对话框右侧的【Add Hardware】按钮，弹出【Add Hardware（添加硬件）】对话框，如图 1 - 39 所示。在【Hardware Type】下拉列表中选择【Byte-BlasterMV or ByteByteblaster Ⅱ】选项；在【Port（端口）】下拉列表中，选择【LPT1】选

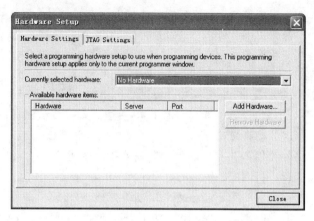

图1-38 【Hardware Setup（硬件安装）】对话框

项。单击【OK】按钮，结束添加硬件，回到【Hardware Setup】对话框。

（4）添加了下载电缆的【Hardware Setup】对话框如图1-40所示，单击【Close】按钮，结束硬件安装。

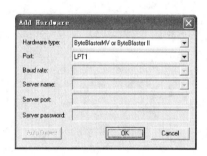

图1-39 【Add Hardware
（添加硬件）】对话框

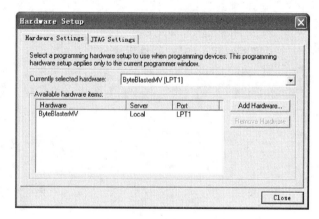

图1-40 硬件安装完毕

（5）完成硬件安装的编程下载界面，在 <u>Hardware Setup...</u> 按钮右侧显示如图1-41所示的硬件信息。在【Mode（下载模式）】列表中选择【JTAG】选项。在工作区的下载文件列表选项中，勾选【Program/Configure】复选框。

（6）单击左侧工具栏上的启动下载按钮 Start ，若硬件正确连接，mux21a. sof则启动下载，在【Progress】一栏内显示下载进度条，图1-42所示为下载完毕的状态。

下载过程中，可能会遇到以下问题。

（1）启动下载后，进度无显示，系统信息（【Message】信息栏/【System】标签页）提示"Error：JTAG Server can't access selected programming hardware"，请检查硬件连接是否正常。

（2）启动下载后，进度无显示，系统信息（【Message】信息栏/【System】标签页）提示类似于："Error：Can't configure device. Expected JTAG ID code 0x080300DD for device 1，but found JTAG ID code 0x020810DD. "，说明用户设计所选器件与硬件系统的实际器件不同，请在工程设置中修正器件类型。

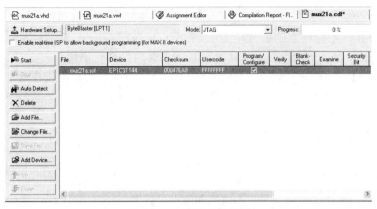

图 1-41　编程下载界面

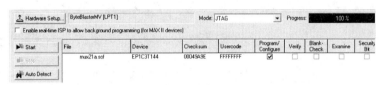

图 1-42　编程下载完毕

（3）打开下载编程器后，下载文件"∗.sof"文件未自动添加到下载文件列表中，可在【File】栏下方空白处双击，弹出选择文件对话框，到工程目录下找到"sof"文件添加进来。若找不到该文件，请查看【Message】信息栏内是否提示了当前软件授权 license 文件安装有问题，如果存在问题，需要重新安装合法的授权（license）文件。

下载完毕后，设计者就可以根据设计与外围资源的连接情况，进行测试操作。本例中，通过按键控制两路不同频率的时钟信号在蜂鸣器上响应。

1.3　Project Navigator 与工程管理

在 FPGA 开发过程中，经常会调用其他设计资源或者更改目标器件，这时就需要更改工程设置。下面介绍【Project Navigator（工程导航）】面板在工程管理中的应用与操作方法。

在 Quartus Ⅱ 用户界面的左侧，有一个工程启动时默认打开的控制面板【Project Navigator】，如图 1-43 所示。若用户看不到此面板，可在菜单上依次选择【View】/【Utility Windows】/【Project Navigator】选项，使其处于选中状态（图标凹陷），打开该控制面板，如图 1-44 所示。也可单击工具栏上的快捷按钮，使其处于凹陷选中状态，打开该面板。

图 1-43　【Project Navigator
（工程导航）】面板

图 1-44　选择【Project Navigator】选项

【Project Navigator】窗口包含三个标签页，通过其下方标签进行切换。带有△标签的是
【Hierarchy】标签页。该标签页显示了当前工程的目标器件具体型号、顶层设计实体，另外，
顶层设计下所包含的各层设计实体以目录树的方式展示出来，使用户对设计层次一目了然。
带有▤标签的是【Files】标签页，该标签页显示了当前工程包含的所有文件。带有▣标签的
是【Design Units】标签页。该标签页显示了经综合后当前工程包含的设计单元（Design
Units）。

1.3.1 【Hierarchy】标签页

以一个包含多个设计文件的工程为例，单击【Project Navigator】窗口下方的△标签，打
开其【Hierarchy】标签页，如图1-45所示。在该标签页内单击左侧的"＋"号，即可展开查
看下属层次，单击左侧的"－"号，即可收起该目录。

在【Hierarchy】标签页内，双击列表区域最上面一行的器件型号栏，即可进入【Settings
（设置）】对话框的【Device】页面，进行目标器件更改的设置操作，如图1-46所示。

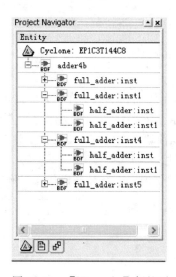

图1-45 【Hierarchy】标签页

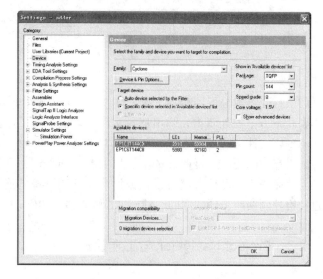

图1-46 器件选择设置对话框

另外在【Hierarchy】标签页的器件型号栏内右击，在弹出的右键菜单中执行【Device】命
令，如图1-47所示，也同样可以进入上述器件选择设置页面。

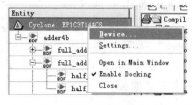

图1-47 器件型号栏内右键菜单

在【Hierarchy】标签页内，器件型号下对应的实体
目录中第一行即当前工程设计的顶层实体。单击左侧的
"＋"号，可依次展开被顶层实体例化的各个层次的底层
实体。在某一层次实体栏中右击，弹出右键菜单，与在
器件栏弹出的右键菜单相比，增加了一些项目，如
图1-48所示。

在实体目录栏右键菜单中，各项命令的作用分别如下。

（1）【Settings】：弹出【Settings】对话框。

（2）【Set as Top-level Entity】：将单击栏目对应的实体设置为当前工程的顶层实体。

（3）【Locate】：从当前位置跳转到目标编辑器/观察器，或打开单击栏目对应实体的设计
文件，其子菜单决定具体操作，如图1-48右侧子菜单所示。

图 1-48　实体目录的右键菜单

（4）【Create New LogicLock Region】：将当前实体在【Assignment Editor】中添加为逻辑锁定区域（LogicLock Region）。

（5）【Export Assignment】：将单击实体对应的资源分配信息导出为"∗.qsf"文件。

（6）【Expand All】：将单击实体对应的子实体目录全部展开。

（7）【Print Hierarchy】：打印 Hierarchy 目录。

（8）【Print All Design Files】：打印所有设计文件。

（9）【Copy】：复制当前实体目录。

（10）【Properties】：显示当前实体的参数信息。

（11）【Open in Main Window】：在工作区（主视窗）中打开显示【Project Navigator】。当页面内信息较多，横向或纵向浏览不便时，可在工作区打开该面板。

（12）【Enable Docking】：切换【Project Navigator】窗口浮动或嵌入状态。选中该项时，面板可以嵌入到用户界面中；不选该项，则面板在用户界面中处于悬浮状态。

（13）【Close】：关闭该控制面板，不在用户界面中显示。

1.3.2　【Files】标签页

【Files】标签页列出了当前工程包含的所有文件。这些文件分别按类型存放在 3 个文件目录中：【Device Design Files（器件设计文件）】、【Software Files（软件文件）】和【Other Files（其他文件）】，如图 1-49 所示。

【Device Design Files】目录中是设计文件列表，如各种语言描述文件，原理图文件等；【Software Files】是应用软件文件列表，如 C 语言文件等；【Other Files】中包含当前工程的一些辅助文件，如波形文件等。在各个文件名称左侧带有一个字符图标，分别代表了该文件的类型。不同图标与文件类型的对应关系见表 1-2。

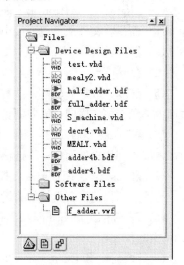

图 1-49　【Files】标签页

表 1 - 2　　　　　　　　　　　　　　文件图标符号与类型对应关系

图标符号	文件类型	图标符号	文件类型
BDF	Block Design File (. bdf)	EDIF	EDIF Input File (. edf)
BSF	Block Symbol File (. bsf)	v	Verilog Design File (. v)
GDF	Graphic Design File (. gdf)	VHD	VHDL Design File (. vhd)
SYM	Symbol File (. sym)	c	C Source File (. c)
TDF	Text Design File (. tdf)	CPP	C++ Source File (. cpp)

在文件列表中对某一文件右击，弹出右键菜单，但对应不同类型文件，其菜单内容不尽相同，如图 1 - 50 所示。

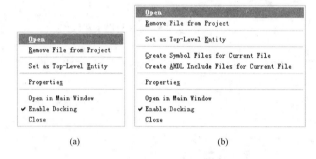

(a)　　　　　　　　　　　　　(b)

图 1 - 50　【Files】标签页右键菜单

(a) 原理图文件的右键菜单；(b) 描述语言文件的右键菜单

【Files】标签页右键菜单各项命令的功能分别如下。

(1)【Open】：打开单击文件，并在工作区主视窗内显示。

(2)【Remove File from Project】：将单击文件从当前工程中移除。该命令并非删除指定设计文件，而是将文件从工程链接中删除，不再包含在本工程管理范围内。

(3)【Set as Top-level Entity】：将单击文件对应的实体设置为当前工程的顶层实体。

(4)【Properties】：显示当前文件的参数信息，如保存路径、名称、修改时间等。

(5)【Open in Main Window】：在工作区（主视窗）中打开显示【Project Navigator】。当页面内信息较多，横向或纵向浏览不便时，可在工作区打开该面板。

(6)【Enable Docking】：切换【Project Navigator】窗口浮动或嵌入状态。选中该项时，面板可以嵌入到用户界面中；不选该项，则面板在用户界面中处于悬浮状态。

(7)【Close】：关闭该控制面板，不在用户界面中显示。

另外对于描述语言文件的右键菜单多出的两项命令，其功能如下。

(8)【Create Symbol Files for Current File】：给单击描述语言文件生成原理图符号，用于原理图设计方式。

(9)【Create AHDL Include Files for Current File】：给单击文件生成 AHDL 语言包含文件。

1.3.3　工程文件管理

当工程成功执行分析与综合命令或全编译命令后，【Project Navigator】就列出了当前工程的设计层次、包含的设计文件和设计实体。用户可以通过上述各个标签页进行文件添加/删除的操作，或者改变文件编译的次序，这些操作也可以在【Settings】对话框中进行。

用户可以对工程进行各种修订，如重新定义顶层实体、添加用户设计库、仿真库等，设置时序要求、更改编译或仿真设置等。

下面就以实例讲解对工程进行文件管理和工程设置的具体操作步骤。

【实例讲解 1-6】 向工程添加文件（利用【Settings】对话框）

（1）在【Assignments】菜单中，执行【Settings】命令，弹出【Settings】对话框。在【Category】列表中，选择【Files】选项，进入【Files】页面，如图 1-51 所示。

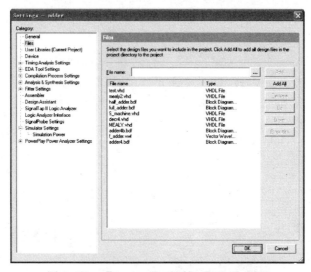

图 1-51 【Settings】对话框【Files】页面

（2）单击【Files Name】文本框右侧的浏览按钮 …，弹出【Select Files（选择文件）】对话框，如图 1-52 所示。

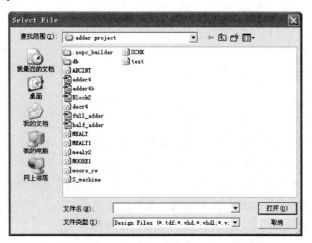

图 1-52 【Select Files（选择文件）】对话框

（3）在文件保存目录下选择要添加的文件，单击【打开】按钮确认，回到【Settings】对话框。

此时【Add】按钮变成可用状态，单击该按钮，添加选中文件。

继续添加其他文件，否则单击【OK】按钮返回工作界面，完成文件添加。

也可以用其他方法启动【Settings】对话框添加文件。

【实例讲解1-7】　向工程添加文件（从【Files】启动）

（1）在【Project Navigator】窗口的【Files】标签页内，右击文件列表区域内的【Files】文件夹，弹出如图1-53所示右键菜单。

（2）在右键菜单中执行【Add/Remove Files in Project】命令，弹出【Settings】对话框，并自动进入【Files】文件添加页面。

后续步骤同上例。

另外，通过【Settings】对话框【Files】页面还可以改变当前工程内文件的编译顺序，单击选择一个文件或多个文件（按住Crtl或Shift键），则【Files】页面内的按钮变成可用状态，如图1-54所示。单击【Up（向上）】按钮或【Down（向下）】按钮移动文件。

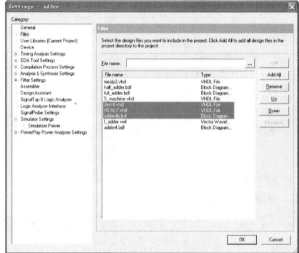

图1-53　【Files】标签页启动文件添加　　　　图1-54　移动文件改变编译顺序

【实例讲解1-8】　从工程中删除文件

（1）在【Assignments】菜单中，执行【Settings】命令，弹出【Settings】对话框。在【Category】列表中，选择【Files】选项，进入【Files】页面。

（2）在【Files】文件列表中，选择单个或多个文件，其视图如图1-54所示。单击文件列表右侧的【Remove】按钮，从工程中移除选中文件。继续移除其他文件，否则单击【OK】按钮关闭【Settings】对话框，返回工作界面，完成文件移除。

> 提示：另外也可以在【Project Navigator】窗口的【Files】标签页的文件列表区域内，右击要移除的文件，在弹出的右键菜单中执行【Remove File from Project】命令，移除指定文件（见图1-48及其说明）。

文件从当前工程中移除后，对于之前已经打开的文件，仍在主工作区打开，但在此编译时，该文件将不被编译处理。

【实例讲解1-9】　指定或更改顶层实体

（1）在【Assignments】菜单中，执行【Settings】命令，弹出【Settings】对话框。在【Category】列表中，选择【General】选项，进入【General】页面，如图1-55所示。

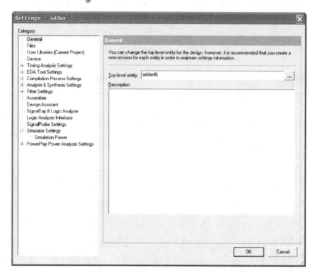

图1-55　【General】页面

（2）单击【Top-Level Entity】文本框右侧的浏览按钮，弹出【Select Entity（选择实体）】对话框，如图1-56所示。

（3）在【Entities（实体）】列表中，单击选中要设置为顶层实体的对象，单击【OK】按钮确认，关闭【Select Entity】对话框，回到【Settings】对话框界面。

对选中的顶层实体，设计者可在【Description（描述）】栏内编辑写入描述文字。

单击【OK】按钮关闭【Settings】对话框，结束顶层实体设置。

另外也可以在【Project Navigator】窗口的【Files】标签页内，文件列表区域内，右击要设置为顶层实体的文件，在弹出的右键菜单中执行【Set as Top-level Entity】命令，设置选定文件包含的实体为顶层实体（见图1-50及其说明）。

图1-56　【Select Entity（选择实体）】对话框

本章通过实例操作，介绍了Quartus Ⅱ的基本设计流程及操作方法，使读者跟随这些操作对Quartus Ⅱ软件有了基本了解。

第 2 章

Quartus Ⅱ 应用技巧

2.1 原理图编辑器

在 CPLD/FPGA 设计中，也经常用到混合输入的方法，即文本文件输入和原理图文件输入相结合的方式。原理图的输入方法更近似于绘制电路原理图，将整个设计的各个模块按照逻辑功能通过连接线连接起来。

方块图（Block Diagram）文件相对于原理图（Schematic）文件，属于更上层的设计，它将各个底层设计定义成方块（Block），具有一定的输入/输出端口，在本层次内，将各个方块之间的连接关系通过连线确立，而每个方块的内部逻辑功能，交给该方块对应的底层设计来完成。方块图的设计方法更适应于自顶向下（Top to Bottom）的设计需要。

事实上，方块图文件和原理图文件并没有明显的界定和区分，因此在 Quartus Ⅱ 中也对应同一种文件类型和编辑器。

在主菜单上执行【File】/【New】命令，或者单击工具栏上的 按钮，弹出【New（新建）】对话框，如图 2-1 所示。

图 2-1　新建原理图

单击【OK】按钮，即可建立新原理图文件，进入原理图编辑器（Block Diagram/Schematic File）。

原理图编辑器界面的基本构成如图 2-2 所示。主视窗中带有网格线的区域即原理图绘制、编辑的工作区域，即原理图图纸。左侧竖排的工具栏为原理图编辑工具栏。其他为各编辑器共用的实用工具窗口。

2.1.1 原理图编辑工具栏

拖动工具栏可以改变其在视窗内的位置，将其拖动处于浮起状态时，工具栏视图如图 2-3 所示。

该栏各项工具的功能如下。

（1） ：Selection and Smart Drawing Tool ［选择工具及智能绘图工具（默认选中）］。非命令状态鼠标指针显示。该按钮处于凹陷状态时，表示当前系统处于非命令状态，鼠标指针以图示箭头状态显示，此时可以进行选择操作。处于其他命令执行状态时，该按钮浮起。要从其他命令状态退出时，可以单击该按钮。

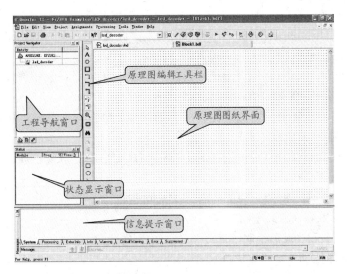

图 2-2 原理图编辑器界面

图 2-3 原理图编辑器工具栏

（2）**A**：Text Tool（文本工具）。在原理图上添加文本字符的工具，注意该工具添加的字符串不能代替节点名称，不具有电气特性，即系统编译时，不会将文本工具添加的信息综合到系统设计中。文本工具添加的文字信息注意用于标注原理图辅助信息、增强可读性。

（3）**D**：Symbol Tool（原理图符号添加工具）。单击该按钮后，即弹出【Symbol】对话框，设计者可以从各个库中调用已生成的原理图符号添加到当前原理图中使用。

（4）**□**：Block Tool（块图绘制工具）。

（5）**コ**：Othogonal Node Tool（节点导线绘制工具），绘制将单个节点连接起来的电气连接线。

（6）**コ**：Othogonal Bus Tool（总线绘制工具），绘制将总线连接起来的电气连接线。注意绘制总线时，要保证总线连接的两端端口具有相同的总线宽度。

（7）**コ**：Othogonal Conduit Tool（管道绘制工具）。在块图连接中，可以通过管道代替总线和单个节点类型的导线，使视图更加清晰。

（8）**ヰ**：Use Rubberbanding（导线弹性设置工具）。该按钮按下时，原理图的导线具有弹性，某段导线移动过程中其连接部分能够自动跟随移动；该按钮浮起时，导线不具弹性，移动时会与其他连接部分断开。

（9）**ヿ**：Use Partial Line Selection（导线部分选择工具）。该按钮按下时，可以通过鼠标指针选中某一段直导线的一部分；该按钮浮起时，只能选中直导线的整段直线部分，鼠标指针在其部分区域内选择无效。

（10）**Q**：Zoom Tool（缩放工具）。单击此按钮进入视图缩放状态，然后单击放大视图，右击缩小视图。

（11）**□**：Full Screen（全屏显示）原理图。

（12）🔍：Find（查找）工具。在原理图内查找字符或字符串。

（13）▲：Flip Horizontal（将原理图符号沿垂直方向镜像）。单击选中镜像目标后，再单击该按钮，目标即沿垂直（Y轴）方向旋转。

（14）◀：Flip Vertical（将原理图符号沿水平方向镜像）。单击选中镜像目标后，再单击该按钮，目标即沿水平（X轴）方向旋转。

（15）▲：Rotate Left 90（将原理图符号左旋 90°）。单击选中镜像目标后，再单击该按钮，目标即向左（逆时针）旋转 90°。

（16）□：Rectangel Tool（方形绘制工具）。注意该图形不具电气特性，用于原理图注释说明等用途。

（17）○：Oval Tool（椭圆绘制工具），不具有电气特性。

（18）＼：Line Tool（直线绘制工具），不具有电气特性。

（19）⟍：Arc Tool（弧形绘制工具），不具有电气特性。

2.1.2　添加原理图符号

进行原理图绘制的首要工作就是调用各个原理图符号。原理图符号实质就是对应着一定底层设计的具有某种逻辑功能的设计模块的代表符号。其对应的底层设计可以是不同的设计实现方式，如可以是仍是原理图设计，也可以是 VHDL 语言描述的设计实体，或者其他语言描述的设计实体等。在 Quartus Ⅱ 的库文件中提供了丰富的设计资源，它们都可以通过原理图符号调用。

除了调用系统集成库中的设计符号，设计者个人的设计也可以生成原理图符号，并默认地加到工作库中供调用。

图 2-4　原理图符号生成成功提示

【实例讲解 2-1】　生成原理图符号

Quartus Ⅱ 中生成原理图符号的方法是：在工程中，将已经通过编译的设计文件打开为当前文件，在菜单上执行【File】/【Create/update】/【Create Symbol File for Current File】命令，系统即生成该文件的原理图符号。若设计文件无误，系统会弹出如图 2-4 所示的信息提示框，提示原理图符号生成完成。生成的原理图符号的名称即底层设计的实体名称。

【实例讲解 2-2】　调用添加原理图符号

在 Quartus Ⅱ 中，向原理图添加原理图符号有多种启动方式。

（1）在菜单上执行【Edit】/【Insert Symbol】命令，弹出【Symbol】对话框。

（2）或者在工具栏中单击⧉按钮，弹出【Symbol】对话框。

（3）在原理图图纸空白处双击，弹出【Symbol】对话框。

【Symbol】对话框如图 2-5 所示。

【Symbol】对话框各部分功能说明如下。

（1）在【Symbol】对话框左侧的【Libraries】列表区域内，列出了当前可以调用的库资源。库资源主意分成两类：工作库和资源库。工作库放在"Project"文件夹下，而资源库放

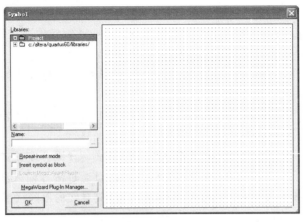

图 2-5 原理图符号插入对话框

在 Quartus II 的安装目录下的库文件夹下。单击文件夹列表左侧的"＋"号，可以展开各个文件夹查看内部资源。

（2）在【Symbol】对话框左侧的【Name】一栏内可以直接输入原理图符号名称，调用该名称对应的设计资源。当设计中对所要调用的目标资源名称熟悉时，可以通过此方法方便地插入原理图符号。

（3）【Symbol】对话框左侧复选框【Repeat insert mode】，重复插入模式选择。勾选该复选框后，可以在原理图内多次重复插入当前选中的设计资源。

（4）【Symbol】对话框左侧复选框【Insert symbol as block】，将设计资源以块图符号形式插入。勾选该复选框后，设计资源以块图的形式显示。例如，七段数码管译码器设计生成原理图符号后，以普通符号形式显示（左）和以块图形式显示（右）的符号如图 2-6 所示。

（5）【Symbol】对话框左侧 MegaWizard Plug-In Manager... 按钮：宏功能单元生成向导。

（6）【Symbol】对话框右侧为设计符号的预览区域。

（7）设计者选中某原理图符号后，单击对话框左下角的【OK】按钮，回到原理图图纸界面，此时选中的原理图符号会跟随鼠标指针移动，在图纸上选取合适位置单击即可放置该原理图符号。若勾选【Repeat insert mode】复选框，则可单击多次重复放置该符号，要退出符号放置，可按 Esc 键或者右击，在右键菜单中执行【Cancel】命令。

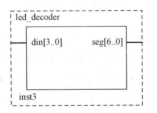
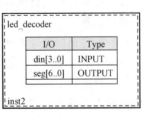

图 2-6 led_decoder 的原理图符号

2.1.3 导线绘制与命名

在原理图上放置了原理图符号后，就需要用导线将各个模块连接起来。绘制导线时，可根据模块的输入/输出端口的宽度选择用单线连接还是总线连接。下面介绍导线绘制和命名的方法及注意事项。

【实例讲解 2-3】 **单线绘制与命名**

（1）在工具栏上单击┐按钮，进入导线绘制状态，鼠标指针变成带有与按钮相同标志的

十字光标。

（2）移动鼠标指针到要连线的原理图符号节点上，或图纸其他适当位置，单击，获取导线起始点。

（3）按住鼠标左键不放，拖动鼠标绘制导线；到达终点后释放鼠标左键结束本段导线绘制。

图 2-7　不同状态下的导线

（4）按 Esc 键或单击工具栏上的 ![按钮]按钮结束节点导线放置状态。

（5）单击选中一段导线，导线会变成蓝色并在单击位置出现"｜"状光标闪烁，此时通过键盘输入该导线的节点名称即可。如图 2-7 所示，即绘制导线的不同状态。

注　意

　　导线端头有叉号表示导线未连通，若与节点相连时，应确保导线与端口节点连通，不应出现叉号。另外，切勿使用画线工具绘制导线，因为它不具有电气连通特性。默认设置下，导线为紫红色，而画线工具画出的直线为黑色，注意区分。

【实例讲解 2-4】　**总线绘制与命名**

（1）在工具栏上单击 ![按钮]按钮，进入总线绘制状态，鼠标指针变成带有与按钮相同标志的十字光标。

（2）移动鼠标指针到要连线的原理图符号总线端口上，或图纸其他适当位置，单击，获取导线起始点。

（3）按住鼠标左键不放，拖动鼠标绘制总线；到达终点后释放鼠标左键结束本段总线绘制；按 Esc 键或单击工具栏上的 ![按钮]按钮结束总线放置状态。

（4）单击选中一段总线，总线会变成蓝色并在单击位置出现"｜"状光标闪烁，此时通过键盘输入该总线的名称即可。注意总线名称应以"[6..0]"的格式标注宽度，如图 2-8 所示，即命名后的总线。

关于单线和总线命名的说明。

（1）在原理图绘制中，节点和节点之间如果已经通过完全导线连接起来，并且其端口的总线宽度也是匹配的，那么导线可以不必命名。

（2）当原理图较复杂，距离较远的节点连线要绕经较长的路径时，此时可以不必画出全部导线，只需把两个节点各引出一段导线，并命以相同的名字，这样，虽然两条导线未连接，但因为具有相同的节点名称，所以，系统编译时，就会认为它们是电气连通的。

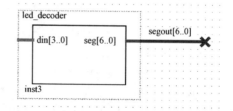

图 2-8　总线绘制

（3）当端口总线宽度不匹配时，不能用总线直接将端口连接起来。此时，可以分别将端口引出一段总线，并给总线命名。命名根据两个端口的对应关系进行。例如，当某计数器输出端口为 12 位宽带，而另外一个功能模块只需用到其中低 4 位的计数值，此时可将计数器输出命名为 Q [11..0]，而将另一功能模块的输入总线命名为 Q [3..0]。因为具有相同的节点名称 Q，所以，它们的低 4 位数据线是连通的。

（4）单线或总线的名称与其连接的原理图符号的端口名称可以相同也可以不同，因为原理图符号的端口名称对应的是低一层次的设计，因此在当前原理图内，不会引起冲突。

> 节点信号命名时要注意，用来命名的标志符尽量不要以数字结尾，因为 Quartus II 系统对标志符区分时，容易将节点信号名与总线信号的索引值混淆，如节点 Q1 与总线 Q [6..0] 中的一个元素 Q [1] 在系统编译时，会被认为是相同的。

在方块图绘制中，各个图块的连接依靠管道来完成，管道是多条导线和总线的集合，其对应连接关系可以在管道属性设置中完成。

【实例讲解 2-5】 管道（Conduit）绘制与命名

（1）在工具栏上单击 按钮，进入管道绘制状态，鼠标指针变成带有与按钮相同标志的十字光标。

（2）移动鼠标指针到要连线的块图符号上，或图纸其他适当位置，单击，获取导线起始点。

（3）按住鼠标左键不放，拖动鼠标绘制总线；到达终点后释放鼠标左键结束本段总线绘制；按 Esc 键或单击工具栏上的 按钮结束总线放置状态。如图 2-9 所示，块图与管道连接后，其连接部位会自动出现连接符号。

（4）单击选中管道，管道会变成蓝色并在单击位置出现"｜"状光标闪烁，此时通过键盘输入该管道名称即可。如图 2-10 所示，即命名后的总线。

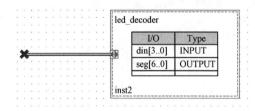

图 2-9   管道绘制

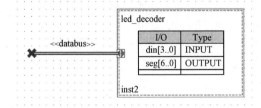

图 2-10   总线绘制

（5）命名后的管道尚未定义其内部包含的总线及与块图的连接关系，需要对其属性进行设置来完成这些工作。在管道上右击，在右键菜单中执行【Properties】命令，弹出【Conduit Properties（管道属性）】对话框，如图 2-11 所示。

（6）在【General】标签页内，【Conduit Name】文本框中显示出管道名称，并允许用户编

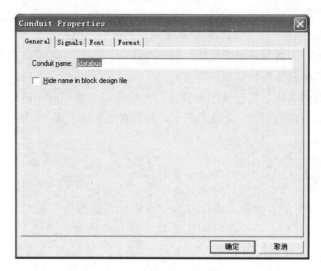

图 2-11　【Conduit Properties（管道属性）】对话框

辑。复选框【Hide name in block design file】的作用：勾选时，在原理图中不显示该管道的名称。

（7）在【Signals】标签页内，用户可以向管道添加节点或总线信号，并确定其与块图端口的对应关系。在【Signal】文本框中显示出【Connections】连接关系列表中选中的节电或总线信号名称，用户可以单击【Delete】按钮删除该信号。用户也可以在这里输入新的信号名称并单击【Add】按钮加入该管道。【Connections】列表中，第二列列出的是块图符号对应的设计实体的输入输出端口信号，双击其下空白栏，可以弹出端口列表进行选择，从而确定管道信号与块图端口的连接关系，如图 2-12 所示。

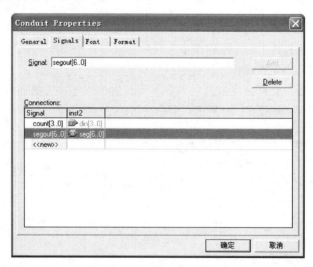

图 2-12　【Conduit Properties】对话框的【Signals】标签页

（8）确定管道内包含的信号与块图端口的连接关系后，单击【确定】按钮，结束属性设置。设置完的管道如图 2-13 所示，块图与管道的连接关系以映射列表的形式显示在图纸上。要对其进行更改，也可以在映射表上右击，在右键菜单中执行【Properties】命令，弹出

【Mapper Properties】对话框进行设置。

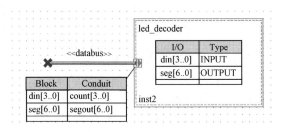

图 2-13　设置完毕的管道

要对其管道与块图的连接关系进行更改，也可以在映射表上右击，在右键菜单中执行
【Properties】命令，弹出【Mapper Properties】对话框进行设置。

2.2　波形文件编辑器

建立新的波形文件"＊.vwf"后，就自动进入波形文件编辑器，下面对波形文件编辑器
的界面和命令、工具加以介绍。

2.2.1　波形编辑界面

波形编辑器的界面如图 2-14 所示，主要包括了波形编辑工具栏和波形编辑工作区。

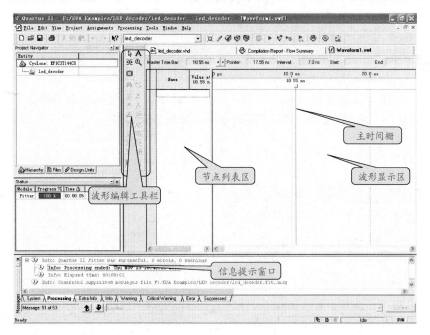

图 2-14　波形编辑器界面

在节点列表区和波形显示区上方，有一栏信息提示栏，如图 2-15 所示。

图 2-15　时间信息提示栏

时间信息提示栏中各栏显示的信息含义如下。

（1）【Master Time Bar】：显示主时间栅所处位置的时间。时间栅是为了方便观察波形提供的一个对齐工具，在视图上是一个方块操纵柄加上一条蓝色的纵向直线，如图 2-15 所示。

（2）◂按钮：沿时间轴向前（左）移动主时间栅。

（3）▸按钮：沿时间轴向后（右）移动主时间栅。

（4）【Pointer】：光标所在位置的时间。

（5）【Interval】：光标所在位置与主时间栅之间的时间间隔。

（6）【Start】：选中波形的起始时间。

（7）【End】：选中波形的结束时间。

引入节点后，在节点列表区域内会显示节点名称和主时间栅所在位置的数值，这样就方便设计者观察某一时间点上的各个节点数值。关于时间栅说明如下。

（8）主时间栅的移动可以依靠单击按钮完成，也可以直接用鼠标拖动操纵柄左右移动完成。

（9）在一个波形文件中，可以加入多个时间栅，并且可以设置其中任意一个为主时间栅，其余为副时间栅。同一波形文件中只能有一个主时间栅。默认设置下，主时间栅以蓝色实线显示，而副时间栅以蓝色虚线显示。添加时间栅的方法：在时间栅的右键菜单中或者波形显示区的右键菜单中执行【Insert Time Bar】命令，也可以在主菜单上执行【Edit】/【Insert Time Bar】命令，弹出【Insert Time Bar（插入时间栅）】对话框，如图 2-16 所示。设置时间栅初始放置的时间位置，单击【OK】按钮确认。若要将此时间栅设置为主时间栅，勾选【Make master time bar】复选框即可。

（10）主时间栅位置的数值会显示节点列表中，而副时间栅对应的数值则不显示。

（11）主、副时间栅可以进行切换，方法有二。

方法一：在副时间栅的操纵柄上右击，弹出如图 2-17 所示的右键菜单，执行其中的【Make Master Time Bar】命令，则当前时间栅被设置为主时间栅，并且在节点列表中显示该时间栅位置的数值。

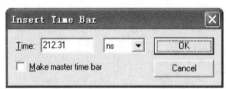
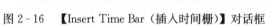

图 2-16 【Insert Time Bar（插入时间栅）】对话框

图 2-17 时间栅的右键菜单

方法二：在时间栅的右键菜单中或者波形显示区的右键菜单中执行【Time Bar Organizer】命令，也可以在主菜单上执行【Edit】/【Time Bar Organizer】命令，弹出【Time Bar Organizer（时间栅管理器）】对话框，如图 2-18 所示。管理器可以添加、删除时间栅，还可以设置某一时间栅为主时间栅。在【Existing time bar（已有时间栅）】列表中，带有红色 M 标志的是主时间栅。添加时间栅时，其放置位置在【Time（时间）】文本框内输入，输入的时间，有两种解释方法，即 Absolute time（绝对时间）和 Relative to master time bar（相对于主时间轴的相对时间）。例如，当输入"500ns"时，若点选【Absolute time】单选按钮，则新时间栅放置在绝对时间值为 500ns 的位置；若点选【Relative to master time bar】单选按钮则新时间栅放置在当前主时间栅的时间值加上 500ns 的位置。

合理地添加和运用时间栅，能够帮助设计者更清楚地分析波形，完成波形仿真分析工作。

2.2.2 波形编辑工具栏

选中某节点后，波形编辑工具栏的按钮即变为可用状态。拖动工具栏可以改变其在屏幕中的位置，处于浮动状态的波形编辑工具栏如图 2-19 所示。

波形编辑工具栏的各项工具按钮功能如下。

(1) ▶：Selection Tool（选择工具），或非命令状态下光标标志。

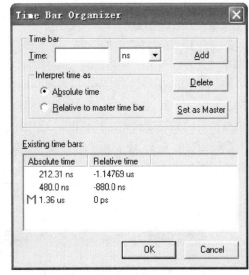

图 2-18 【Time Bar Organizer（时间栅管理器）】

(2) **A**：Text Tool（文本工具），用于给波形添加评论等标记性文字，或者更改节点名称。单击该按钮进入文本输入状态后，单击某节点的波形，会在该位置提示 "Click here to enter a comment"（单击此处输入评论）。

图 2-19 波形编辑工具栏

(3) ✂：Waveform Editing Tool（波形编辑工具）。单击该按钮后，光标变成与按钮标志相同的符号，进入波形编辑状态。此时，用鼠标指针选取部分波形，可使波形逻辑状态改变：由 0 变成 1 或由 1 变成 0。

(4) ▢：Full Screen（全屏显示波形）。

(5) ▲：Find（查找工具）。查找信号、节点名称或评论。

(6) ⌁：Replace（替换工具）。查找信号、节点名称或评论，并进行替换操作。

(7) ⊽ᴜ：Uninitialized［将选中波形设置为逻辑值 U（未初始化的）］。

(8) ✗：Forcing Unknown［将选中波形设置为逻辑值 X（强未知的）］。

(9) ⎍：Forcing Low (0)［将选中波形设置为逻辑值 0（强逻辑 0）］。

(10) ⎌：Forcing High (1)［将选中波形设置为逻辑值 1（强逻辑 1）］。

(11) ⎎：High Impedance (Z)［将选中波形设置为逻辑值 Z（高阻态）］。

(12) ⊽ᵂ：Weak Unknown［将选中波形设置为逻辑值 W（弱未知的）］。

(13) ⊽ᴸ：Weak Low (L)［将选中波形设置为逻辑值 L（弱逻辑 0）］。

(14) ⊽ᴴ：Weak High (H)［将选中波形设置为逻辑值 H（弱逻辑 1）］。

(15) ⊽ᴰᶜ：Don't Care (DC)［将选中波形设置为逻辑值 DC（忽略）］。

(16) ▦：Invert（将选中波形逻辑值翻转）：0 与 1 互转，L 与 H 互转。

(17) ⊽ᶜ：Count Value（将选中波形设置为计数周期值）。通常对总线波形进行设置时采用此工具。单击该按钮后，弹出如图2-20（a）所示【Count Value】对话框。在【Counting】标签页中，各栏作用如下。

【Radix】：设置计数值的码制，其下拉列表中给出了六种计数码制，如图2-20（b）所示，分别是二进制、小数、十六进制、八进制、有符号十进制和无符号十进制。

【Start Value】：波形起始点即0时刻的波形数值，可由用户设置。

【End Value】：波形终点即仿真结束时间点的波形数值，由系统根据当前设置的周期、起始值及仿真时间长度自动计算给出，无需用户设置。

【Increment by】：设置每个时钟波形计数值的增加值，如十六进制时，可以设置每次波形变化时，增加值为3。

【Count type】：设置计数值编码形式采用普通二进制计数还是采用格雷码（Gray code）计数。

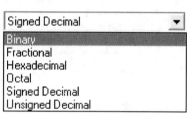

(a) (b)

图2-20　【Count Value（计数值波形）】设置
(a)【Count Value】对话框；(b) 设置计数值码制

（18）在【Count Value】对话框的【Timing】标签页内，进行计数周期的设置，如图2-21所示。

【Start time】：设置波形起始时间。

【End time】：设置波形结束时间。通常系统会根据用户设置的仿真结束时间给出0和最大值。

【Transitions occur】：设置波形转换发生的时间，即波形维持一个数值恒定的时间。

点选【At absolute times】单选按钮时，以绝对时间作为参考。

【Count every】：每隔指定时间，计数值变化一次。

【Multiplied by】：时间值的倍乘率。例如，当设置时间为20ns，倍率为2时，则所设置的波形每隔40ns变化一次；当倍率为4时，则每隔80ns波形变化一次。

（19）　：将所选波形设置为时钟信号波形。单击该按钮后，弹出如图2-22所示的【Clock（时钟波形设置）】对话框。

【Time range】：设置波形的时间长度。

【Start time】：波形的起始时间。

【End time】：波形的结束时间。

【Period】：设置时钟波形的周期。

【Offset】：设置时钟波形的偏移量，即初相位。

【Duty cycle】：设置时钟波形的占空比。

（20）：Arbitrary Value（将所选波形设置为特定波形）。单击该按钮后，弹出【Arbitrary Value（任意值设置）】对话框，如图 2 - 23 所示。

图 2 - 21　【Count Value】对话框的
【Timing】标签页

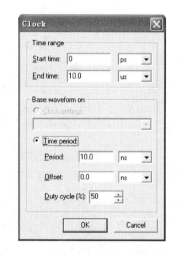

图 2 - 22　【Clock（时钟波形
设置）】对话框

（21）：Radom Value（将所选波形设置为随机数值）。

（22）：Snap to Grid（捕捉到网格）。在选取波形或移动时间栅时，自动捕捉移动到网格。

（23）：Sort（按字符排序）。

设置输入波形时，有时需要对波形进行一些特殊的编辑操作，例如，要复制某波形，并重复粘贴到其他节点信号上，可执行以下操作步骤。

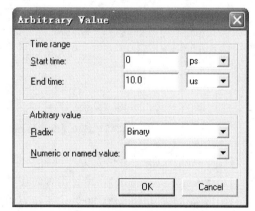

图 2 - 23　【Arbitrary Value
（任意值设置）】对话框

【实例讲解 2 - 6】　复制波形

（1）用鼠标指针选中要复制的波形范围。

（2）执行菜单栏上【Edit】/【Copy】命令，或者在该波形上右击，在右键菜单中执行【Copy】命令，即可复制该段波形。

（3）单次粘贴波形。执行菜单栏上【Edit】/【Paste】命令，会出现跟随鼠标指针移动的复制波形虚线框，移动到适当位置，单击，放置波形，即完成波形的粘贴。或者在要粘贴波形

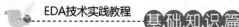

的位置右击，在右键菜单中执行【Paste】命令，即可在当前位置粘贴该段波形。

（4）多次重复粘贴波形。执行菜单栏上【Edit】/【Repeat Paste】命令，或者右击，在右键菜单中执行【Repeat Paste】命令，弹出如图2-24所示的【Repeat Paste】对话框。在对话框中输入重复粘贴的次数，单击【OK】按钮确认。确认后，会出现跟随光标移动的复制波形的虚线框，移动到适当位置，单击放置波形即完成重复粘贴。

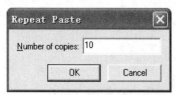

图2-24 【Repeat Paste】对话框

节点列表中的各个节点信号，可通过右键菜单进行编辑，如添加、删除等。各个节点在列表中的顺序也可以随意改变，可直接用鼠标拖动某一节点，将其移到其他位置。

2.2.3 仿真设置

为了充分发挥仿真的作用，用户应结合自己的设计对仿真器进行设置。通过仿真设置，用户可以对仿真时间、仿真驱动源及其他仿真选项进行设置。

仿真设置是通过【Settings】对话框的【Simulator Settings】标签页完成的。在主菜单上执行【Assignments】/【Settings】命令，弹出【Settings】对话框，在左侧【Category】列表中选择【Simulator Settings】选项，进入该设置页，如图2-25所示。

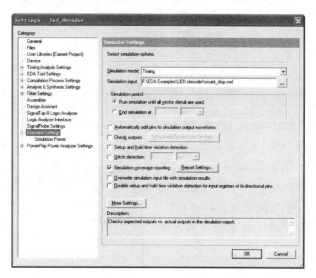

图2-25 【Simulator Settings（仿真设置）】页面

【Simulator Settings】仿真设置页面中各个设置项的功能说明如下。

（1）【Simulation mode】：设置仿真模式。

（2）【Simulation Input】：设置用于仿真驱动的输入文件。

（3）【Simulation Period】：设置仿真总时长。【Run simulation until all vector stimuli are used】单选按钮，运行仿真直道所有的激励矢量都被用到后结束；【End simulation at】单选按钮则可以直接设置仿真结束时间，选择此设置后，菜单命令【Edit】/【End Time】则变为不可用状态。

（4）【Automatically add pins to simulation output waveform】：自动向仿真输出波形添加引脚。勾选此复选框后，当仿真文件中未列出所有的有波形输出的引脚时，系统会自动添加该引脚，以便完整显示输出波形。

（5）【Check ourtputs】：勾选此复选框后，系统自动将仿真输出波形和输入文件中的输入引脚波形进行对比，若多处不匹配则系统会提示错误。

（6）【Setup and hold time violation detection】：勾选此复选框后，系统监测仿真启动和持续的时间是否超时并报告。

（7）【Glitch detection】：毛刺检测设置。勾选此复选框后，进行毛刺检测。当信号波动，其持续时间小于设置时间时，就认为是毛刺，系统检测它，并在【Messages】信息提示栏内提示。

（8）【Simulation coverage reporting】：仿真覆盖率。勾选此复选框后，系统计算在仿真中有动作的输出端口与总输出端口的比例，并用百分比数显示在【Messages】信息提示栏内。

（9）【Overwrite simulation input file with simulation results】：用仿真输出结果覆盖仿真输入文件。

（10）【Disable setup and hold time violation detection for input registers of bi-directional pins】：禁止对用于输入三态引脚的寄存器进行仿真启动与持续超时检测。

（11）【More Settings】：弹出【More Simulator Settings】对话框，进行更多的仿真设置，如毛刺过滤、总线集束等。

上述设置中，仿真模式分为三种：Functional（功能仿真），Timing（时序仿真）和 Timing using Fast Timing Model（应用快速时序模型的时序仿真）。

功能仿真，根据设计文件产生的网表文件进行功能分析，是较为简单的方针分析；运行功能分析前，需要先执行【Processing】/【Generate Functional Simulation Netlist】命令产生功能仿真网表。功能仿真网表生成后，系统会弹出如图 2-26 所示的提示对话框。

时序仿真，根据全编译产生的包含有目标器件时序信息的网表文件，进行逻辑功能和时序上的仿真。时序仿真模式是信息较全面的仿真。

应用快速时序模型的时序仿真，是利用快速时序模型，模拟在尽可能快速的条件下，结合最快的速度等级的器件，得到的仿真结果。执行此项命令之前，必须先执行【Processing】/【Start】/【Start timing Analyzer（Fast Timing Mode）】命令，进行快速时序模型下的时序分析。分析完毕后，系统会弹出如图 2-27 所示的提示对话框。

图 2-26　功能仿真网表生成成功　　　　图 2-27　快速时序模型下的时序分析完毕

【Settings】对话框【Category】列表中还包含了的【Simulator Power】的设置页。该设置页的设置选项可以使仿真器在仿真过程中产生的"Signal Activity File（.saf）"类型的输出文件，用于设计的功率分析。用户可以自行学习设置方法。

2.3　用原理图输入法进行设计

熟悉原理图编辑器各项命令之后，就可以采用原理图输入法进行设计输入了。本节将通过实例指导读者进行原理图设计输入。

实例说明：在第 1 章，读者已经学习了建立工程工程的方法，请自行建立工程 led _ de-

coder. prj，并且以文本方式输入设计文件 led＿decoder. vhd，设计代码可参考以下数码管译码器程序代码。

```
library ieee;
use ieee. std_logic_1164. all;
entity led_decoder is
  port (din : in std_logic_vector(3 downto 0);
        seg : out std_logic_vector(6 downto 0));
end led_decoder;
architecture bhv of led_decoder is
begin
  process(din)
  begin
    case din is
      when"0000" = >seg< = "0111111";－－"0"
      when"0001" = >seg< = "0000110";－－"1"
      when"0010" = >seg< = "1011011";－－"2"
      when"0011" = >seg< = "1001111";－－"3"
      when"0100" = >seg< = "1100110";－－"4"
      when"0101" = >seg< = "1101101";－－"5"
      when"0110" = >seg< = "1111101";－－"6"
      when"0111" = >seg< = "0100111";－－"7"
      when"1000" = >seg< = "1111111";－－"8"
      when"1001" = >seg< = "1101111";－－"9"
      when others = >seg< = "1111001";－－"E"
    end case;
  end process;
end bhv;
```

　　接下来将利用 led＿decoder. vhd 的 VHDL 语言文本设计文件生成原理图符号，并调用 Quartus Ⅱ 提供的库资源中的元件计数器 74160，完成计数与译码器相结合的设计（74160 是十进制加法计数器）。然后进行引脚分配、编译、下载。这样，读者就可以结合实验箱的硬件资源，利用按键、时钟信号和数码管对本设计进行验证。

【实例讲解 2-7】　原理图输入法进行计数与译码显示单元的设计

　　（1）打开工程 led＿decoder. prj，并打开设计文件 led＿decoder. vhd，进行一次全编译，确保设计无误。

图 2-28　原理图符号生成提示

　　（2）生成原理图符号。单击 led＿decoder. vhd 的文件标签，使其显示为当前页。在主菜单栏上执行【File】/【Create/Update】/【Create Symbol Files for Current File】命令，生成原理图符号。生成成功后，系统会弹出如图 2-28 所示的提示对话框。

　　（3）建立原理图文件。在主菜单栏上执行【File】/

【New】命令，弹出【New（新建）】对话框，在文件类型列表中选择【Block Diagram/Schematic File】选项，如图 2-29 所示。

（4）单击【OK】按钮确认，建立原理图文件，进入原理图编辑器，保存该文件到工程目录下，并命名为"count_disp.bdf"，如图 2-30 所示。

（5）插入 led_decoder 原理图符号。在图纸空白处双击，弹出如图 2-31 所示的【Symbol】对话框。

（6）在【Libraries】库资源列表中，单击【Project】左侧的"＋"号，展开列表，在工程资源中选择【led_decoder】选项，如图 2-32 所示。

（7）单击【OK】按钮确认添加原理图符号，回到图纸界面。此时，鼠标指针变成十字形，并有原理图符号的虚线框跟随移动，选择合适位置，单击放置原理图符号。

图 2-29 新建原理图文件

（8）为了提供译码器的驱动数值，调用 QuartusⅡ 提供的库资源中的计数器 74160。单击工具栏上的 符号 按钮，弹出【Symbol】对话框。展开安装目录库资源列表，如图 2-33 所示。

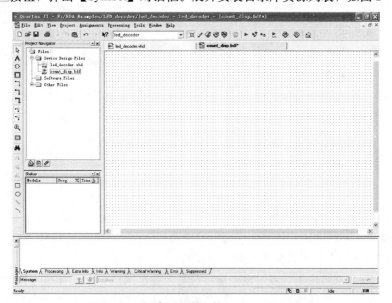

图 2-30 新建原理图文件 count_disp.bdf

（9）在安装目录库资源的 others/maxplus2 目录下寻找 74160 符号，如图 2-34 所示。

（10）单击【OK】按钮确认添加原理图符号，回到图纸界面。选择合适位置，单击放置 74160 原理图符号。

（11）放置输入/输出端口。在图纸空白处双击，弹出【Symbol】对话框。在【Name】文本框中填写"input"，勾选下方的【Repeat-insert mode】复选框，单击【OK】按钮确认添加

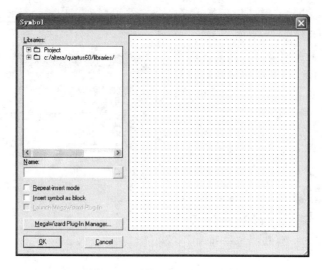

图 2 - 31 【Symbol】对话框

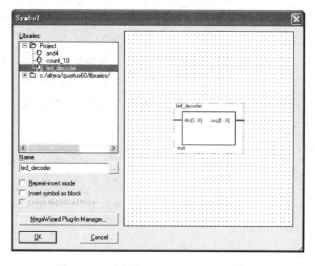

图 2 - 32 选择 led _ decoder 原理图符号

输入端口。在原理图上单击放置输入端口，重复单击，放置 3 次 "input" 输入端口。

　　（12）采用上一步的方法，放置 2 个输出端口 "output"，1 个电源符号 "VCC" 和一个接地符号 "GND"。元件符号放置完毕的原理图如图 2 - 35 所示。

　　（13）输入/输出端口命名。双击输入端口符号，弹出【Pin Properties（引脚属性）】对话框，如图 2 - 36 所示。在【Pin name（s）】文本框中输入 "EN"，即为该引脚命名为 "EN"。【Default value（默认值）】文本框保持为 "VCC"。

　　（14）用同样方法将另外两个输入引脚命名为 "CLR" 和 "CLK"，两个输出引脚符号命名为 "SEG [6..0]" 和 "COUT"。这里 SEG [6..0] 即代表了输出译码器段码值得 7 个引脚，即一个引脚符号可以代表多个引脚。另外，双击引脚名称的文字，使其变成蓝色编辑状态，也可以更改引脚名称。更名后的引脚符号如图 2 - 37 所示。

　　（15）各元件连线。根据 74160 各个引脚的功能确定其外围连线，如图 2 - 38 所示。

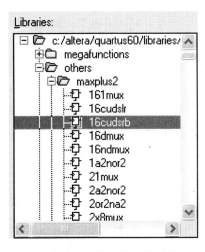

图 2-33　展开资源库的资源列表

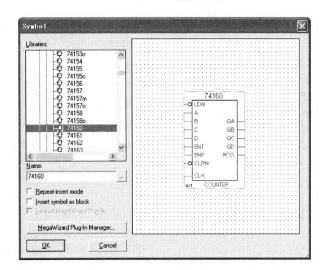

图 2-34　选择 74160

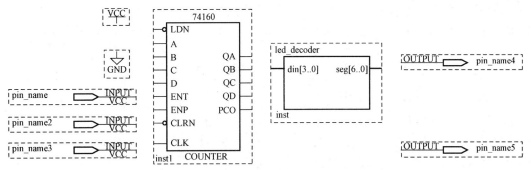

图 2-35　放置完元件的原理图

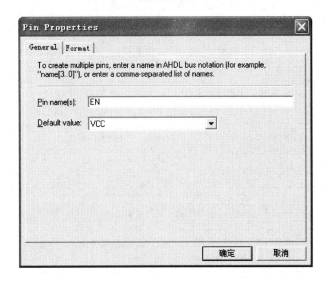

图 2-36　【Pin Properties（引脚属性）】对话框

　　线路连接说明：74160 具有预置数功能，在此次实验中不使用，因此其预置引脚 A、B、C、D 可以接到低电平信号 GND 上；预置数使能引脚 LDN 置于无效状态——高电平。计数使

图 2-37　更名后的引脚符号

能控制端口 ENT 和 ENP 连在一起，连接到输入引脚上，可以通过按键控制计数。清零端 CLRN 也接到输入引脚上，通过外围的按键来进行清零控制。时钟输入端 CLK 接到输入引脚上，通过外围时钟来驱动计数器动作。计数器的计数输出端 QA、QB、QC、QD 与译码器 led_decoder 的数据输入端相连。计数器的进位输出端 RCO 输出引脚相连，可连接到发光二极管进行验证。译码器的段码输出连接到输出引脚上，接外围电路的数码管各个段。注意图中总线信号连接时需使用总线绘制工具。

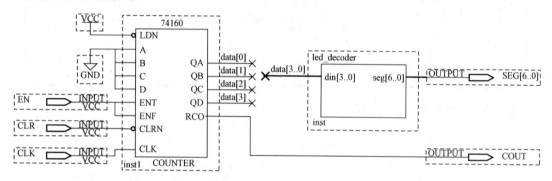

图 2-38　连线完毕的原理图

另外，由于计数器输出端口是分立的，而译码器的输入端口是总线形式的，因此不能直接相连。采取的解决办法是利用连线的统一命名，使其实现电气连接。计数器的计数输出端 QA、QB、QC、QD 的输出线分别命名为 data [0]、data [1]、data [2]、data [3]，而将译码器的输入端命名为 data [3..0] 即可。

表 2-1　　　　　　　　　　　　　总线名称与元素关系表

总线名称	包 含 元 素
A [31..00]	一维总线，名称为 A，包含 32 位数据线，依次为 A31、A30、A29…A00（或者 A [31]、A [30]、A [29]…A [00]），MSB 为 A31，LSB 为 A00
DOUT [6..4]	一维总线，名称为 DOUT，包含 3 位数据线：DOUT6、DOUT5、DOUT4（或者 DOUT [6]、DOUT [5] 和 DOUT [4]）；MSB 为 DOUT6，LSB 为 DOUT4
DOUT [6..4] [6..4]	二维总线，名称为 DOUT，包含 9 位数据线：DOUT6_6、DOUT6_5、DOUT6_4、DOUT5_6、DOUT5_5、DOUT5_4、DOUT4_6、DOUT4_5 和 DOUT4_4；MSB 为 DOUT6_6，LSB 为 DOUT4_4
A [31..0]，DOUT [6..4]	一维总线，包含 35 位数据线，MSB 为 A31，LSB 为 DOUT4
D [6..4] [6..4]，A [2..0]	二维总线和一维总线结合，包含 12 位数据线，D6_6、D6_5、D6_4、D5_6、D5_5、D5_4、D4_6、D4_5、D4_4、A2、A1 和 A0；MSB 为 D6_6，LSB 为 A0

通过表 2-1 可以看出，在 Quartus Ⅱ 中，总线中的某条数据线可以写成"D0"，也可以写成"D [0]"的形式，所以，在总线命名过程中，要避免使用以数字结尾的标识符。

（16）保存设计，运行全编译或者在菜单栏上执行【Processing】/【Analyze Current File】

命令，根据错误提示进行修改，直到编译成功。

（17）切换顶层实体。在原理图打开为当前文件的状态下，在主菜单栏上执行【Project】/【Set as Top Level Entity】命令，将 count ＿ disp 设置为顶层实体。切换顶层实体后，在【Project Navigator】工程导航栏左下角的【Hierarchy】标签页内可以看到当前的顶层实体已经是 count ＿ disp，如图 2 - 39 所示。

（18）再次运行全编译。

至此，用原理图输入法进行设计输入的步骤就完成了。接下来可以通过时序方针验证设计的正确性。

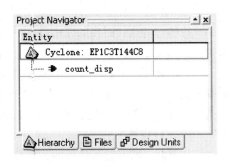

图 2 - 39　当前顶层实体为 count ＿ disp

【实例讲解 2 - 8】　设计 count ＿ disp 的时序仿真

（1）建立波形文件，并保存为 count ＿ disp. vwf。

（2）双击波形编辑器的节点列表空白区域，通过【Node Finder】引入节点，如图 2 - 40 所示。

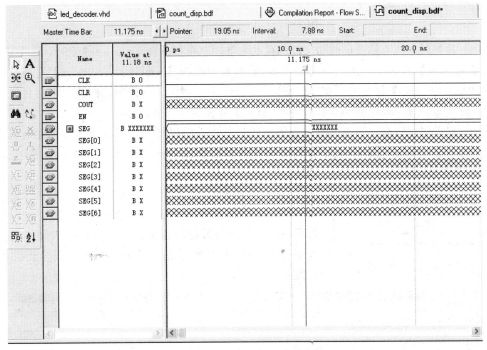

图 2 - 40　引入节点的波形文件

（3）设置仿真结束时间。在菜单栏上执行【Edit】/【End Time】命令，在【Time】文本框中设置时间为 $10\mu s$。

（4）设置【CLK】信号。单击节点列表栏的【CLK】型号名，选择【CLK】信号，再单击工具栏上的时钟设置按钮，在弹出的【CLOCK】对话框中将【Period】文本框设置为 100ns，即设置时钟周期为 100ns，其他项保持默认设置不变即可。单击【OK】按钮确认后，回到波形界面，用缩放工具缩小视图，可见【CLK】信号的波形已经变成方波时钟信号。

（5）设置【EN】信号。选择【EN】信号，单击波形编辑工具栏上的按钮，将其设置为逻辑值1。在适当缩放视图，用鼠标指针选中【EN】信号0～200ns段，单击波形编辑工具栏上的  按钮，将这一时段的【EN】信号设置为0；相同方法再将【EN】信号的1.1～1.3μs段和4～4.2μs段设置为0。

（6）设置【CLR】信号。选择【CLR】信号，单击波形编辑工具栏上的 按钮，将其设置为逻辑值1。在适当缩放视图，用鼠标指针选中【CLR】信号800～900ns段，单击波形编辑工具栏上的 按钮，将这一时段的【CLR】信号设置为0；相同方法再将【CLR】信号的2.5～2.7μs段设置为0。

（7）至此，所有输入信号的波形设置完毕，如图2-41所示。

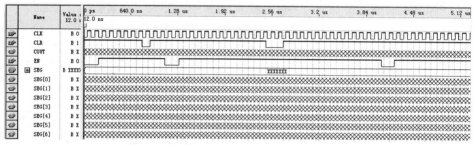

图2-41　输入信号波形设置

（8）设置时序仿真的波形驱动文件。在主菜单栏上执行【Assignments】/【Settings】命令，弹出【Settings】对话框，在左侧【Category】列表中选择【Simulation Settings】选项，打开【Simulation Settings】标签页。在【Simulation Input】一栏内，通过浏览按钮 将仿真输入的驱动文件设置为【count_disp.vwf】。单击【OK】按钮确认，完成设置。

（9）启动时序仿真。单击工具栏上的 按钮，启动时序仿真。若编译中无其他错误，能够成功执行仿真，系统会弹出如图2-42所示的提示对话框。

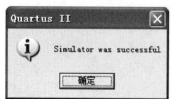

图2-42　仿真成功提示

（10）单击【确定】按钮，可见仿真报告文件"Simulation Report"，仿真结果体现在该文件中，如图2-43所示。观察波形，可知设计能够正确执行，由CLR和EN的控制效果可知，74160计数器是一个异步复位、同步使能的计数器。

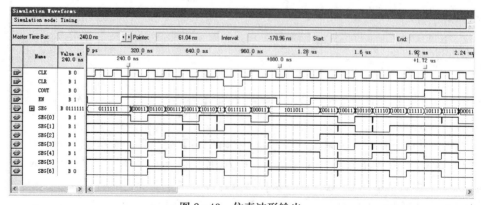

图2-43　仿真波形输出

对设计进行时序仿真并验证设计正确性后，即可进行引脚分配，以备下载验证。

2.4 资源分配编辑器

资源分配编辑器（Assignments Editor）是 Quartus Ⅱ 提供的为节点或实体分配特定资源的生成和编辑界面。这里所指的分配资源即给器件物理资源分配的逻辑功能（或者说器件的物理资源与逻辑功能的对应），或者为逻辑功能分配的编译资源。

2.4.1 用户界面和主要功能

资源分配编辑器的用户界面如图 2-44 所示。

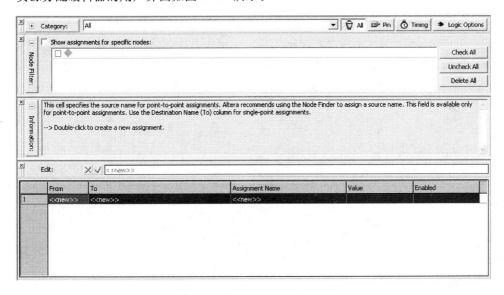

图 2-44 资源分配编辑器界面

资源分配编辑器由 4 个具有特定功能的栏目和一个主工作窗口构成。上面第一栏即【Category（目录）】栏，包含了当前器件的所有可分配的资源类型。第二栏即【Node Filter（节点过滤）】栏，可进行节点或实体过滤，使用户可以观察过编辑制定节点或实体。第三栏即【Information（提示信息）】栏，该栏显示了用户选定单元的相关信息。第四栏即【Edit（编辑）】栏，在该栏内，用户可以添加、删除和更改选定节点或单元的信息。上述四个窗口都可以关闭、移动或改变窗口大小（除【Edit】栏不能改变窗口大小）。【Edit】栏的下方就是资源分配器的主工作区。

在资源分配器中，各栏内容中当前选中的单元会以蓝色背景显示文字。若是在【Category】栏内选择不同项目，其他栏目的内容也会跟随选中单元的变化而相应变化，即对不同的资源对象进行配置时，对应有不同的选项。选中各个单元时，请注意观察提示信息的内容，有些单元是不可编辑的。

在工作区内，要对某个单元进行编辑时，可在菜单栏上执行【Edit】/【Edit Cell】命令进行输入或在下拉列表中选择可用值，也可以在右键菜单中执行【Edit Cell】命令，另外还可以直接单击或双击该单元，进行输入或选择列表值。要删除设置值，可在菜单栏上执行【Edit】/【Delete】命令进行，也可以在右键菜单中执行【Delete】命令，另外还可以直接按 Delete 键进行删除。

资源分配编辑器通过不同的文本颜色来提示用户的设置是否合法，不同颜色的提示信息见表 2-2。

表 2-2 文本颜色与提示信息的对应表

文本颜色	提示信息	文本颜色	提示信息
绿色	可生成的新锁定	亮红色	该锁定有错误，如被非法赋值
黄色	该锁定包含警告，如未知节点名称	浅灰色	该锁定被禁止
暗红色	该锁定已完成		

1. 自定义用户界面

用户可以对各列的内容信息进行排序。排序方式分为升序和降序两种。要进行排序，可以在相应列的顶行一栏内通过右键菜单，执行【Sort Ascending（升序）】或者【Sort Descending（降序）】命令进行排序，也可以直接单击该列的顶行一栏，实现排序方式切换。

工作区内列表栏的各个列表项也可以调换位置，直接通过鼠标拖动、释放即可实现。另外可以通过【Customize Columns】对话框自定义列表项的项目，如图 2-45 所示。

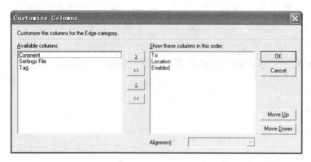

图 2-45 【Customize Columns（自定义列表项）】对话框

2. 引脚信息锁定

在【Category】栏内选择【Pin】选项，工作区内会显示引脚相关信息。用户可以在资源分配编辑器中观察引脚列表、进行引脚锁定（Assign）、保留（Reserve）、设置 I/O 引脚标准，以及查看引脚位置与功能信息等。注意，只有经过分析与综合后，设计的引脚信息才能够出现在编辑器列表栏内。在资源分配编辑器中编辑的引脚信息能够同步的更新到【Pin Planner（引脚规划器）】中。

2.4.2 【Pin Planner】

【Pin Planner（引脚规划器）】是 Quartus Ⅱ 提供的以图形方式展示目标器件资源的编辑器。通过【Pin Planner】，用户可以方便地观察引脚信息、进行引脚锁定或者更改引脚锁定等操作，还可以直观地看到不同的 I/O 区域、引脚类型、边沿类型等信息。【Pin Planner】用户界面如图 2-46 所示。

用户界面工作区内以图形方式展现了目标器件的各个引脚。工作区左侧是【Groups】成组信息列表，该列表可以列出成组的总线信息或者成组的分配信息。工作区下方是【All Pins】所有引脚列表。

主工作区内的目标器件视图，可以有两种显示方式：顶视图和底视图，即从芯片的上方观察和从芯片的背面观察芯片得到的视图。视图切换可以通过在工作区内右击，在弹出的右键菜单中执行【Package Top】和【Package Bottom】命令来实现，也可以在【View】菜单中执行相同命令实现。另外还可以在菜单栏上执行【Rotate Left 90°】和【Rotate Right 90°】命令，将器件视图旋转 90°进行观察和操作。

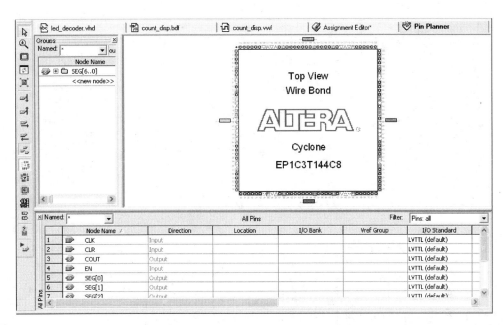

图 2 - 46 　【Pin Planner】用户界面

在【Pin Planner】中进行引脚锁定，可以直接将引脚列表中的某一引脚拖动到工作区目标器件的特定引脚上，也可以像在【Assignments Editor（资源分配编辑器）】中一样，在引脚列表的【Location】单元中，单击输入或者双击在下拉列表中选择引脚。

【实例讲解 2 - 9】　将 count ＿ disp. bdf 进行引脚锁定，并编译下载

引脚连接说明：计数器的输入控制引脚中，CLK 连到外部时钟上，为了能够用观察到数值变化，将时钟频率调整在 4 Hz 以下，否则可用按键（带有去抖动机制的）代替输入；CLR 和 EN 接按键；输出 SEG［6..0］分别接到数码管的各段上，COUT 进位输出接到 LED 指示灯上观察效果。对应康芯实验箱，仍选择电路模式 6，按键 7、按键 8 分别与 EN、CLR（对应 EP1C3T144C8 的引脚号是 35、36）相连，时钟 CLK 与实验箱的 CLK0（93 脚）相连，数码管 a～g（SEG0～SEG6）段分别与 PIO40～46（对应引脚 85、96、97、98、99、103、105）相连，进位输出 COUT 连接到 D8 发光二极管上，对应 PIO23（50 脚）。

（1）打开旧工程 led ＿ decoder. prj，将 count ＿ disp. bdf 设置为顶层实体，执行全编译。

（2）在主菜单栏上执行【Assignments】/【Pin Planner】命令，打开【Pin Planner】。

（3）在【Pin Planner】下方的【All Pins】列表栏上，将【Filter】过滤项选择为【Pins：all】，列表栏内会显示出当前顶层设计的所有引脚。

（4）在【Node Name】一栏内单击选择【CLK】引脚名，按住鼠标左键不放，拖动鼠标即可将此引脚移动到目标芯片的视图区域，将其拖动到 93 脚位置，释放鼠标左键。此时，CLK 就被分配在 93 脚上了。

（5）继续拖动其他引脚到指定位置，完成分配的引脚信息如图 2 - 47 所示。

（6）运行全编译。编译通过后，打开 count ＿ disp. bdf 文件，可见各个输入/输出端口已经显示出锁定的引脚号，如图 2 - 48 所示。

（7）单击主工具栏上的 按钮，打开编程器。由于在第一章已经执行过下载操作，故无

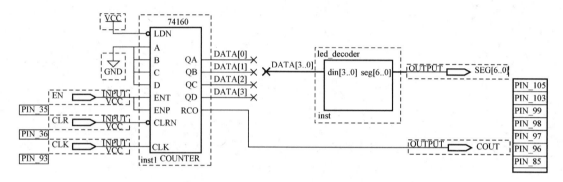

图 2-47　引脚分配完成

图 2-48　引脚锁定后显示在原理图中

需重新设置编程器（参阅 1.2.9）。新的编程信息仍然更新到 led_decoder.sof 文件中，所以不必更换下载文件。直接单击【Start】按钮，进行编程下载操作即可。

　　实验效果：通过按键控制计数器工作，在数码管上显示出计数值。当按键 EN、CLR 处于高电平时，计数器能够正常计数；EN 为低电平时，停止计数；CLR 为低电平是，计数器清零；计数值到达 9 时，进位输出 COUT 对应的指示灯亮，持续一个时钟周期，计数值到 0 时 COUT 对应的指示灯熄灭。

2.5　工程设置

　　在前述的各个设计流程或编辑界面中，经常需要结合逻辑设计、目标器件等因素进行工程的相关设置，而这些操作都是在【Settings】（工程设置）对话框中进行的。因此，这里再对【Settings】对话框各个页面及功能进行集中介绍。

　　在主菜单栏上执行【Assignments】/【Settings】命令，弹出【Settings】对话框。通过单击其左侧列表进入各个页面。

　　1.【General】页面

　　【General】（总体）页面如图 2-49 所示，在该页可以定义或者更改设计的顶层实体。

　　单击【Top-level Entity】文本框右侧的浏览按钮 ，会弹出【Select Entity】对话框，列出当前工程包含的各个设计实体，用户可在其中选择顶层实体。

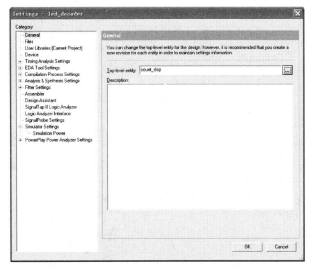

图 2 - 49 　【General】页面

2. 【Files】页面

【Files】（文件）页面如图 2 - 50 所示，在该页可以进行文件管理，如向工程中添加文件、删除文件、改变文件次序等。

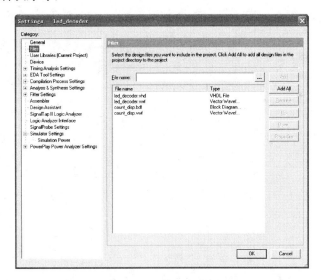

图 2 - 50 　【Files】页面

单击【Files】页面内【File name】文本框右侧的浏览按钮 ⋯ ，会弹出【Select File】对话框，即可在对话框中选择特定文件加入当前工程。【Files】页面右侧文件列表中的文件是已经包含在当前工程中的文件，选中其中一个或多个，可以通过列表区右侧的按钮进行从当前工程移除、改变文件在列表中的次序等操作。

3. 【User Libraries】页面

【User Libraries（库文件）】页面如图 2 - 51 所示，在该页可以进行库文件管理，如向工程中添加库文件、移除库文件、改变库文件列表次序等。库文件在列表中的次序代表了设计中调用或搜索的优先级。具体操作方法与【Files】页面相同。

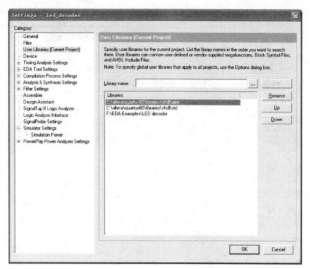

图 2-51　【User Libraries】页面

4. 【Device】页面

　　【Device（器件）】页面如图 2-52 所示，在该页可以进行器件管理，如选择目标器件、设置器件参数等。

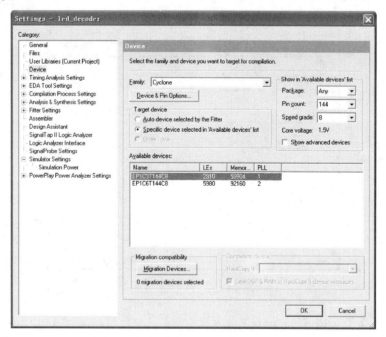

图 2-52　【Device】页面

　　在【Device】页面内单击【Device ＆ Pin Options】按钮，会弹出【Device ＆ Pin Options】对话框，如图 2-53 所示。在该对话框中可以对器件或引脚进行参数设定。例如，在【Unused Pins】标签页内对未用到的引脚进行设置，根据电路设计需要，可以将其设置为输入三态类型的，也可将其设置为输出接地的。限于篇幅，其他各项不在此处介绍，请读者参考 Quartus Ⅱ 的帮助文件。

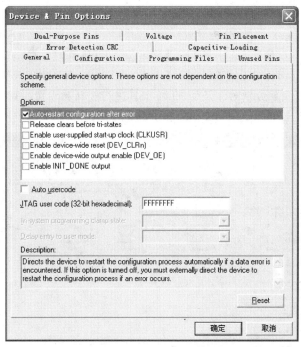

图 2 - 53 【Device & Pin Options】对话框

5.【Timing Analysis Settings】页面

【Timing Analysis Settings】（时序分析设置）页面如图 2 - 54 所示，在该页可以进行整个工程在时序分析中需要用到的设置和参数要求。另外还有一个分页【Timing Analyzer Reporting】，在该页可以进行时序分析报告的参数设置。

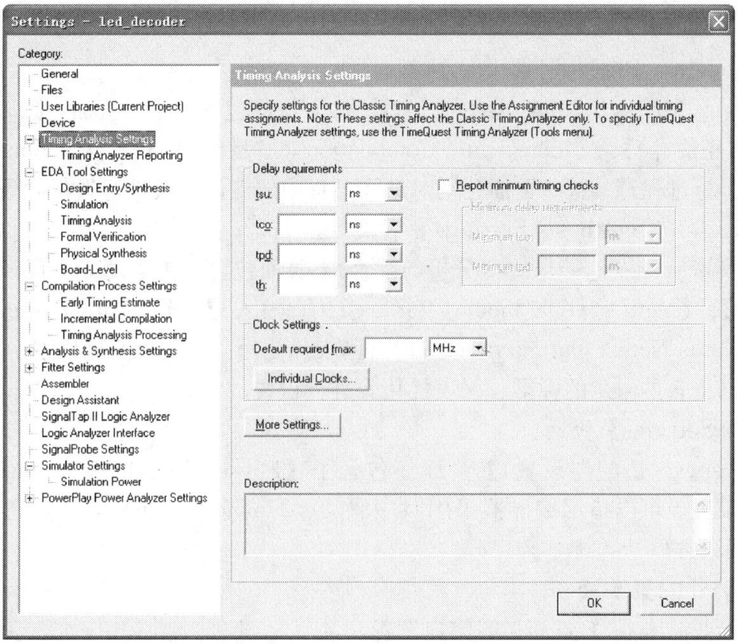

图 2 - 54 【Timing Analysis Settings】页面

6.【EDA Tool Settings】页面

【EDA Tool Settings】(时序分析设置) 页面如图 2-55 所示。它由 6 个子页面构成:【Design Entry/Synthesis (设计导入与分析)】、【Simulation (仿真)】、【Timing Analysis (时序分析)】、【Formal Verification (正式验证)】、【Physical Synthesis (物理分析)】和【Board Level (板级设置)】。各个子页面分别对涉及的 EDA 工具进行选择和设置。默认状态下,各个页面都未设置其他 EDA 工具,即使用 Quartus Ⅱ 自带的 EDA 工具。

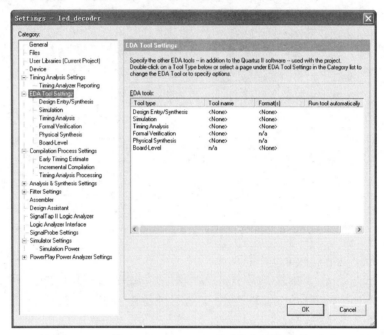

图 2-55　【EDA Tool Settings (时序分析设置)】页面

7.【Compilation Process Settings】页面

【Compilation Process Settings (编译过程设置)】页面包含 3 个子页面:【Early Timing Estimate (早期时序估计)】、【Incremental Compilation (增量编译)】和【Timing Analysis Processing (时序分析过程)】。这些页面分别对编译过程中的编译方式进行选择和设置。

8.【Analysis & Synthesis Settings】页面

【Analysis & Synthesis Settings (分析与综合)】页面包含了 4 个设置子页:【VHDL Input (VHDL 输入)】、【Verilog HDL Input (Verilog HDL 输入)】、【Default Parameters (默认参数)】和【Synthesis Netlist Optimizations (综合网表优化)】。在该页面可以对分析与综合中采用的策略、不同语言的采用的标准、网表优化等进行设置。

9.【Fitter Settings】页面

【Fitter Settings (适配器设置)】页面还包含了【Physical Synthesis Optimizations】子页面。该页面的设置项可以指示编译器采用时序驱动 (Timing-Driven) 编译,还可以设置适配器适配过程中采取的一些参数。

10.【Assembler】页面

【Assembler (汇编器)】页面无需用户设置。

11.【Design Assistant】页面

【Design Assistant (设计支持)】页面设置用户在设计分析过程中,希望运用哪些设计原则，或者生成哪些提示信息，以及在全编译过程中是否采用系统支持自动分析设计。

12. 【SignalTap II Logic Analyzer】页面

【SignalTap II Logic Analyzer（SignalTap II 逻辑分析仪）】页面对 Quartus II 提供的嵌入式逻辑分析仪的编译操作进行设置。

13. 【Logic Analyzer Interface】页面

【Logic Analyzer Interface（逻辑分析仪界面）】页面对是否能使用逻辑分析仪接口进行设置。当使用外部逻辑分析仪时，可以通过逻辑分析仪接口文件（*.lai 文件）将要进行调试分析的信号输出到输出引脚上。

14. 【SignalProbe Settings】页面

在不影响设计中现有布局布线的情况下，【SignalProbe Settings（SignalProbe 设置）】功能允许设计者将指定的信号接连至 FPGA 芯片输出接脚，使设计者无需进行全编译即可由外部逻辑分析仪进行信号分析与撷取。在 Quartus II 6.0 中，SignalProbe 的设置项已全部移到了【Tools】/【SignalProbe Pins】命令中。

15. 【Simulator Settings】页面

【Simulator Settings（仿真器设置）】页面还包含一个【Simulation Power】子页面。【Simulator Settings】页面进行仿真设置，具体内容已在波形编辑器一节中介绍。

16. 【PowerPlay Power Analyzer Settings】页面

【PowerPlay Power Analyzer Settings（PowerPlay 功率分析器设置）】页面包含一个【Operating Conditions】子页面。在该页可以对功率分析器的输入驱动文件、输出报告形式、仿真参数等进行设置。

2.6 嵌入式逻辑分析仪的应用

FPGA 的硬件测试、验证是一个烦琐、费时的过程，且伴随设计的复杂性提高，验证测试所花费的时间也会成倍的增多。而 Altera 公司提供了一种易学好用的板级调试工具——嵌入式逻辑分析仪（SignalTap II）。通过该逻辑分析仪，可以方便地观察设计的内部信号波形，方便用户进行设计纠错和验证。

与传统的逻辑分析仪器相比，SignalTap II 嵌入式逻辑分析仪具有以下优点。

（1）测试方便，不占用器件管脚。如果使用传统逻辑分析仪器，必须将信号引到目标器件的空闲引脚上，再连接测试仪器。为了方便连接仪器，有时就需要从 PCB 上引出测试点，从而占用 PCB 空间。当器件缺少空闲引脚时，就难以测试内部信号。而 SignalTap II 逻辑分析仪只需进行软件设置，占用一定 RAM 资源后就可以使用。

（2）使用 SignalTap II 逻辑分析仪测试，不会破坏信号的完整性。

（3）传统逻辑分析仪价格昂贵，而 SignalTap II 逻辑分析仪集成在 Quartus II 软件中，无需额外费用。

2.6.1 SignalTap II 文件的建立

在一个设计工程中创建 SignalTap II 文件，有两种方法。一种与建立其他类型的设计文件、仿真文件类似，在菜单栏上执行【File】/【New】命令，然后在打开的【New】对话框中的【Other Files】标签页中选择【SignalTap II File】选项建立文件即可；另一种方法是执行【Tools】工具菜单中的【SignalTap II Logic Analyzer】命令启动逻辑分析仪，如图 2-56

所示。

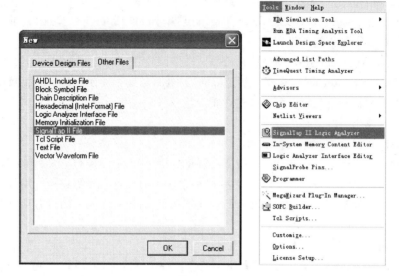

图 2-56　建立 SignalTap Ⅱ 文件

SignalTap Ⅱ 逻辑分析仪的界面如图 2-57 所示。该界面包括：信号显示栏、实例管理器栏、硬件及配置文件加载栏、信号参数设置栏、层次显示栏和数据日志栏等。

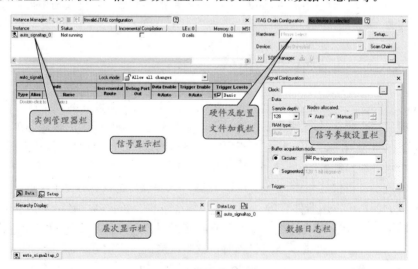

图 2-57　SignalTap Ⅱ 逻辑分析仪界面

SignalTap Ⅱ 逻辑分析仪界面的各栏功能如下。

（1）【Instance Manager（实例管理器）】栏：显示当前实例运行进度及其所耗用的资源情况。设置好采样深度后，每添加一个信号，此栏就相应显示已使用了多少 RAM 块。该栏上方含有逻辑分析仪的运行、停止等按钮，以及进度信息提示。

（2）【JTAG Chain Configuration（硬件及配置文件加载）】栏：添加当前可用的硬件链接，将 SignalTap Ⅱ 文件成功包含到工程设计中，成功编译后，加载包含有 SignalTap Ⅱ 信息的配置文件，以便下载到器件中进行调试。

（3）信号显示栏：这里是逻辑分析仪的主工作区。添加并显示待观察的信号，设置触发条件。双击此栏中的空白位置，弹出信号查找对话框，找到需要观察的信号后，就可以添加到该栏内显示。信号选入后，可以进行触发条件设置。运行逻辑分析以后，能够以不同格式显示选中信号的采样数据。

（4）【Signal Configuration（信号参数设置）】栏：设置逻辑分析仪的采样时钟、采样深度、使用的 RAM 类型，以及触发器格式等。注意在普通显示模式下，该栏不能完整显示，右侧有滚动条可以查看其隐藏部分的内容。

（5）【Hierachy Display（层次显示）】栏：显示添加的信号在模块中的层次关系。

（6）【Data Log（数据日志）】栏：显示使用 SignalTap II 逻辑分析仪捕获的历史数据和相应的触发条件。分析仪捕获了数据后，将其存放在日志中并以波形的形式显示出来。默认的日志名称是时间标签，表明这些数据是合适捕获的。数据存储是以触发条件来分类的。若有显示某条日志，双击该条目即可。

2.6.2　逻辑分析仪的使用操作

下面结合简易正弦信号发生器的工程设计介绍 SignalTap II 的应用方法。

【实例讲解 2 - 10】　正弦信号发生器的输出数据观察

一、建立 SignalTap II 文件并保存为 Sin_wave.stp

保存文件时，会弹出如图 2 - 58 所示的提示框，询问是否在当前工程中使能该文件，单击

【是】按钮，则此后编译过程中会将 SignalTap II 文件所带的逻辑分析信息载入，生成的下载文件中也包含了相应的配置信息，这样才能够在目标器件运行逻辑设计的同时进行逻辑分

图 2 - 58　使能逻辑分析仪提示

析。单击【是】按钮，确认使能 SignalTap II 逻辑分析仪即可。

如果在此处未选择"是"，也可以在【Settings】对话框中的【SignalTap II】页面内进行使能和 SignalTap II 文件的设置，如图 2 - 59 所示。

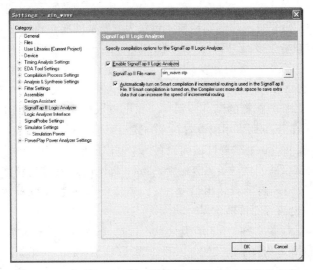

图 2 - 59　在【Settings】对话框中使能/禁止逻辑分析仪

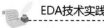

需要注意的是，由于使能该逻辑分析文件后，会占用一定的硬件资源，特别是 RAM 块。所以在完成逻辑分析后，一定要禁止该文件，并重新全编译后再下载配置文件，新的配置文件才是不含有逻辑分析仪信息的单纯设计文件。

二、在逻辑分析仪界面的【Signal Configuration】信号参数设置栏内添加触发时钟及设置参数

SignalTap Ⅱ 逻辑分析仪的信号参数设置栏的完整界面如图 2-60 所示。

图 2-60　【Signal Configuration】的
　　　　　信号参数设置

下面简要介绍信号参数设置栏的设置方法。

（1）添加采样时钟：单击【Clock】文本框右侧的浏览按钮，弹出【Node Finder（节点查找器）】对话框。注意此时【Node Finder】的【Filter】一栏内的过滤项应为【SignalTap Ⅱ Pre-Synthesis】，查找节点【clk】，将其作为采样时钟，单击节点查找器右上角的【OK】按钮返回到信号参数设置对话框。

（2）定义采样深度：采样深度【Sample Depth】定义了每个信号可存储的采样数目。采样深度应结合采样时钟与待观察信号之间的周期关系和待观察信号个数来确定。其可设置范围是 0～128K。采样深度越大，则耗费的 RAM 区越多。

（3）定义 RAM 类型：在【RAM type】下拉列表内设置使用哪种类型的 RAM 块资源。

（4）【Buffer Acquisition Mode】缓冲区采样模式：设置采样数据与触发信号的位置关系，有两种设置方式。点选【Circular】单选按钮，可以选择触发位置，通过选择触发位置，改变触发前获取的数据个数和触发后获取的数据个数的比例。在其 4 种选项中，【Pre trigger position】表示采样到的数据 12% 为触发前的，88% 为出发后的；【Center trigger position】则两种数据各占一半；【Post trigger position】为触发前数据 88%，触发后 12%；【Continuous trigger position】表示不断进行数据采样直到手动停止。若点选【Segmented】单选按钮，则可通过设置项将缓冲区分成多个片段，而其总数即前设采样深度。这种模式可以为定期事件捕获数据。

（5）【Trigger】：设置触发信号属性。在【Trigger Level】下拉列表内可以设置触发等级。SignalTap Ⅱ 可以设置多达 10 级的触发条件，用以满足在复杂逻辑设计中的各种触发要求。在【Trigger in】选项区域内设置启动逻辑分析仪的触发信号：其中，在【Source】文本框内填写触发信号名，可以单击右侧的浏览按钮，弹出节点查找器【Node Finder】对话框，查找可用信号；【Pattern】下拉列表用以设置触发方式，可选的有 6 种触发模式，包括电平触发和边沿触发。在【Trigger out】选项区域内设置一个输出的信号，用以触发外部器件，如通过该信号同步外部的测试仪器或者送给另外一个 Signal Tap Ⅱ 逻辑分析仪作为其输入的触发信号。在【Target】下拉列表内设置输出信号，【Level】下拉列表内设置触发条件；【Latency Delay】文本框显示输出信号的传输延迟时间。

在本例中的设置，可参考图 2-68 所设信息：选择【clk】为采样时钟，采样深度 1k，缓冲区采样模式点选【Circular】单选按钮，并设置为【Pre trigger position】，触发等级 1，触发信号设置为 qi(5)。

三、添加待观测信号及触发条件

在信号栏内有一行灰色提示语"Double-click to add nodes",即双击此区域可添加节点信号。双击空白区域后,再次进入节点查找器【Node Finder】,单击【List】按钮,在节点列表中选择总线形式的 Data _ out 和 qi 加入进来即可,不必将它们的单个节点加入。加入总线信号后的信号栏如图 2-61 所示。需要说明的是,在向信号栏添加节点信号时,需要工程设计已经经过 Analysis & Elaboration 的操作,因为本工程已经过全编译,故满足要求,暂时不需再进行编译。

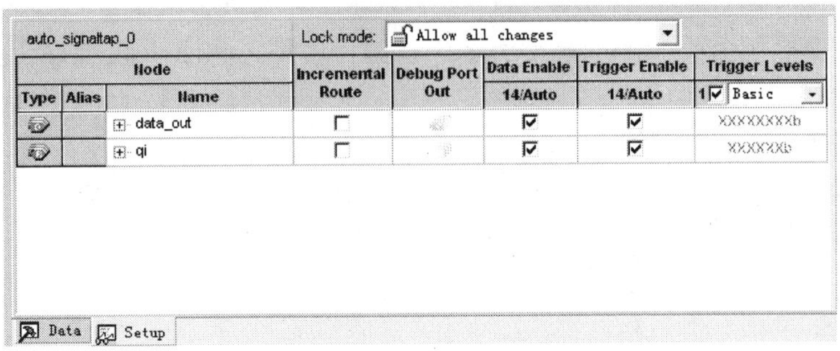

图 2-61　加入总线信号后的信号栏

信号栏有两个标签页:【Data】页和【Setup】页。【Setup】内的各个设置项功能如下。

(1)【Lock Mode】:对 SignalTap II 逻辑分析仪的修改设置进行限定。该栏内有三个选项,【Allow all changes】即允许对 STP 文件进行任何更改,例如删除或增加实例、改变触发级数、改变信号个数、采样深度等等,修改后需运行全编译以更新信息;【Allow incremental route changes only】表示运行在 STP 文件中修改增量不限特性以执行增量布线;【Allow trigger condition changes only】表示只运行修改触发条件,此模式下修改了触发条件后不需进行重新编译。

(2)【Node】:列出已添加的信号类型与名称。

(3)【Incremental Route】:选中时表示运行用户在不执行全编译的情况下向 STP 中添加新的节点信号,并且添加新信号不会影响当前的布局布线,因此称为增量布线,即在原有布线基础上添加而非改动。

(4)【Debug Port Out】:该栏选中时,表示当使用内部逻辑分析仪,而器件资源不够时,可以将待观测信号布局到空闲 I/O 引脚上,这样就可以利用外部逻辑分析仪观测信号。要使能该项,在指定信号的该项目上右击,在右键菜单中执行【Enable Debug Port】命令即可。

(5)【Data Enable】:该栏表示是否显示此信号的数据波形信息。若禁止某信号的该选项,则在信号栏的【Data】页中,将无此信号列表,也就不能观测到该信号波形。

(6)【Trigger Enable】:该栏表示对应信号是否使能为触发信号。

(7)【Trigger Levels】:该栏中的数值表示当前设置的触发级别。触发条件设置的好坏直接影响到逻辑分析仪能否很好地发挥作用。如果用户设置的触发条件不能较快地捕获相关数据,那么逻辑分析仪就不能有效地帮助用户进行调试。触发条件的设置分为两种类型:Basic 和 Advanced。点选【Advanced】单选按钮后,信号栏会增加一个【Advanced Trigger1】页面,该页面用以进行高级触发条件设置。

四、编译包含 STP 文件的工程设计

这里可将【Instance】栏内的默认实例名由"auto_signaltap_0"改为"sin",以利于后续添加逻辑分析实例时进行区分。

首先设置 SignalTap Ⅱ 逻辑分析仪的编译参数。在菜单栏上执行【Assignments】/【Settings】命令,弹出【Settings】对话框,在【Category】目录栏中选择【SignalTap Ⅱ Logic Analyzer】选项,打开其对应的目录页,如图 2-67 所示。勾选【Enable SignalTap Ⅱ Logic Analyzer】复选框,并通过浏览按钮选择【sin_wave.stp】作为输入文件。其下方的选项【Automatically turn on Smart compilation…】复选框表示若在嵌入式逻辑分析仪中选择了增量编译,则自动使用 smart 编译方式,以节省编译时间。该页面设置好后,启动全编译即可。

五、检测连接硬件并下载

在【JTAG Chain Configuration】栏内,单击【Hardware】文本框右侧的【Setup】按钮,选择硬件连接端口和类型,进行硬件添加。若能够正常连接,系统会自动检测连接并在【Device】文本框内显示器件信息。

单击【SOF Manager】右侧的浏览按钮，选择"sin_wave.sof"文件并返回。

单击【SOF Manager】右侧的编程按钮，将 SOF 文件下载到目标器件。

在【Instance Manager】一栏内单击按钮【Autorun Analysis】，启动逻辑分析仪,进行自动分析。该命令能够让逻辑分析仪自动反复执行,不断更新数据信息。

> 提示:另外一个按钮【Run Analysis】的作用与【Autorun Analysis】稍有不同,同样是启动逻辑分析仪,但只获取一次数据信息,之后会自动停止。

运行逻辑分析仪后,信号显示栏会自动切换到【Data】页面内,显示信号的数据信息。如图 2-62 所示,是以"Unsigned Bar Chart"形式显示的总线信号信息。从该图中能够直观地观察到输出总线数据 data_out 的正弦波形变化趋势。

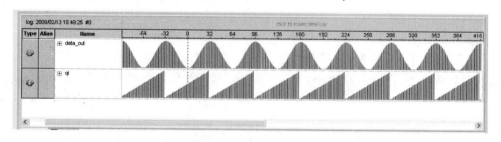

图 2-62　无符号格栅图

在【Edit】菜单栏上执行【Bus Display Format】命令,在其子菜单中包含了各种总线显示格式,如图 2-63 所示。用户可以通过执行这些命令使信息以适当的格式显示。

图 2-64 所示的信号信息图是以【Unsigned Decimal(无符号十进制数)】格式显示的信息。

这样就完成了 SignalTap Ⅱ 逻辑分析仪的设置与应用。通过上面的操作和视图观察,可以看到,虽然 SignalTap Ⅱ 逻辑分析仪具有上述优点,但是由于要占用 RAM 块,并且要随工程设计一起编译，因此可能会影响工程设计的布局布线。而数据的采样深度也受到剩余 RAM 的限制。

图 2-63　总线信号显示格式切换命令

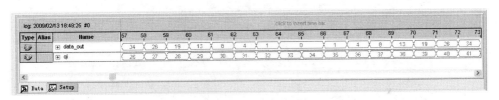

图 2-64　【Unsigned Decimal】格式的信息

2.7　切换界面模式

一些早期使用 Max plus Ⅱ 的用户，对新的 Quartus Ⅱ 界面还不熟悉。针对此类用户，Quartus Ⅱ 提供了界面模式切换的功能。

在菜单栏上执行【Tools】/【Customize】命令，弹出【Customize】对话框，如图 2-65 所示。

【Customize】对话框的功能是允许用户根据个人习惯自行定义软件的界面、工具栏的显示命令的排列和 Tcl 命令。【Customize】对话框的默认标签页【General】页中，在【Look & Feel】选项区域内，用户可以在【Quartus Ⅱ】和【MAX＋PLUS Ⅱ】之间选择界面模式。点选【MAX＋PLUS Ⅱ】单选按钮后，单击【确定】按钮，系统提示需关闭 Quartus Ⅱ 软件重新启动。重新启动后显示 MAX＋PLUS Ⅱ 界面，如图 2-66 所示。

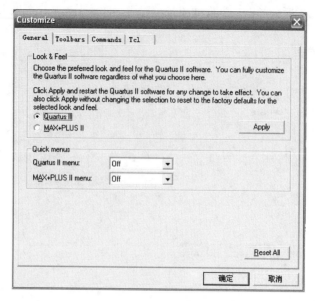

图 2-65　【Customize】对话框

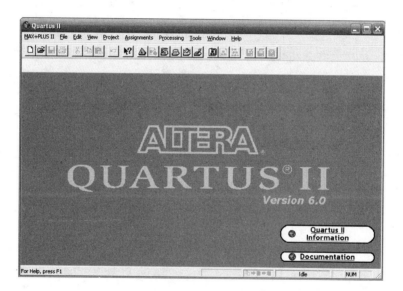

图 2-66　MAX+PLUS Ⅱ 界面模式

第 3 章

实用语法速查

实验中，可以通过 Quartus Ⅱ 的帮助功能，进行 VHDL 或 Verilog HDL 语法模版查找。这里列出一些常用的语句的语法格式，供读者参考。

3.1 VHDL 语法要素速查

3.1.1 VHDL 标识符命名规则

标识符是 VHDL 语言中描述具体实体、端口、数据对象及函数等名称的字符串。VHDL 标识符书写规则如下。

（1）标识符由 26 个英文字母、数字 0～9、下划线组合而成。

（2）必须以英文字母开头，不能连续使用下划线，不能以下划线结尾。

（3）标识符中间不能出现空格。

（4）标识符不能与 VHDL 语言的关键字重名。

（5）英文字母不区分大小写。

举例说明，以下是合法的标识符：

decoder38、fft_1、Th_r_1、COUNTER_4、NOT_ACK、STATE_A 等。

以下是非法的标识符：

8counter、data___bus、sina#1、entity、dec_等。

另外要注意，由于大小写不区分，所以 counter4 与 COUNTER4 代表的是同一个对象。

以下是 VHDL 中的保留字，在使用中要注意避免设置同名的标识符。

Abs access after alias all and architecture
Array assert attribute begin block body buffer
Bus case component configuration constant
Disconnect downto else elsif end entity
Exit file for function generate generic guarded
If impure in inertial inout is label
Library linkage literal loop map mod nand
New next nor not null of on
Open or others out package port postponed
Procedure process pure range record register reject

| Rem report return return rol ror select |
| Severity shared signal sla sll sra srl |
| Subtype then to transport type unaffected |
| Units until use use variable wait when |
| While with xnor xor |

另外，在 VHDL 中，注释符是"－－"，在程序中，此符号后的字符即被理解为注释文字，系统编译时就被忽略。

3.1.2　VHDL 数值表达方式

在 VHDL 中，数值型的文字主要有数字型、字符及字符串、位串型几种。这些数值型文字可以采用不同的表达方式来描述。表 3－1 列出了 VHDL 中不同的数值表达方式。

表 3－1　　　　　　　　　　　　　VHDL 数值表达方式

数 值 类 型	举　　例
十进制整数（Decimal Integer）	52 0 3E3　　　－－　3000 1 _ 000 _ 000　　　－－　1000000
十进制实数（Decimal Real）	71.0 0.0 .178 1.222 _ 333
指数形式的十进制实数（Decimal Real with Exponent）	2.8E＋5 5.7E－8
以数制基数表示的整数（Based Integer）	16＃FF＃　－－　十进制数 255 8＃777＃　－－　十进制数 511 2＃1011 _ 0110＃　－－　十进制数 182 16＃FF＃E1　－－　十进制数 4080
以数制基数表示的实数（Based Real）	2＃11.11＃ 16＃AB.CD＃E＋2 8＃77.66＃E－10
字符（Character）	'a' '*' ' '　－－空格字符
字符串（String）	"this is a string" "　"　－－　空字符串 "ABC" & "CDE"　－－　并置连接
位串（Bit String）	X "FFEF" O "770770" B "1111 _ 0000 _ 1111"

关于数值表达方式的补充说明如下。

（1）整数表达式中，下划线"＿"只是为了增强可读性，相当于一个空的间隔符号。

（2）以数制基数表示的整数或实数，整体包括五部分，即两个"♯"号加上三个数字部分。其中最前面的数字部分代表数制基数，中间部分即具体有效数值，而最后的数字代表了该数制基数下的指数部分，这部分如果为0，可以略去不写。

（3）位串：由预定义数据类型位（bit）构成的一维数组。以不同基数表示的位串，其位矢量的长度即为等值的二进制数的位数。位串由进制基数和双引号引起的数值构成。B代表二进制，O代表八进制，X代表十六进制。例如，X"FA5"代表十六进制位串，其位矢量长度为12。

3.1.3 VHDL 操作符

VHDL 中描述各种数据对象间的关系时，都需要用到操作符。VHDL 的基本操作符有三种：逻辑操作符（Logical Operator）、关系操作符（Relational Operator）和算术操作符（Arithmetic Operator）。它们是完成逻辑和算术运算的基本单元，是采用 VHDL 语言进行功能描述的基础。

表 3 - 2 列出了 VHDL 操作符符号及其功能。对于操作数的类型限制可在以后通过引入重载函数使其应用条件变得宽泛。

表 3 - 2　　　　　　　　　　　VHDL　操　作　符

操作符类型	符号	功能	操作数数据类型
算术操作符	＋	加	整数
	－	减	整数
	&	并置	一维数组
	＊	乘	整数和实数（包括浮点数）
	／	除	整数和实数（包括浮点数）
	MOD	取模	整数
	REM	取余	整数
	SLL	逻辑左移	BIT 或布尔型一维数组
	SRL	逻辑右移	BIT 或布尔型一维数组
	SLA	算术左移	BIT 或布尔型一维数组
	SRA	算术右移	BIT 或布尔型一维数组
	ROL	逻辑循环左移	BIT 或布尔型一维数组
	ROR	逻辑循环右移	BIT 或布尔型一维数组
	＊＊	乘方	整数
	ABS	取绝对值	整数
	＋，－	正，负	整数

操作符类型	符号	功能	操作数数据类型
关系操作符	=	等于	任何数据类型
	/=	不等于	任何数据类型
	<	小于	枚举与整数类型，以及对应的一维数组
	>	大于	枚举与整数类型，以及对应的一维数组
	<=	小于等于	枚举与整数类型，以及对应的一维数组
	>=	大于等于	枚举与整数类型，以及对应的一维数组
逻辑操作符	AND	与	BIT，BOOLEAN，STD_LOGIC
	OR	或	BIT，BOOLEAN，STD_LOGIC
	NAND	与非	BIT，BOOLEAN，STD_LOGIC
	NOR	或非	BIT，BOOLEAN，STD_LOGIC
	XOR	异或	BIT，BOOLEAN，STD_LOGIC
	XNOR	异或非	BIT，BOOLEAN，STD_LOGIC
	NOT	非	BIT，BOOLEAN，STD_LOGIC

对于操作数的类型限制可以通过引入重载函数使其对操作数的数据类型要求变得宽泛。为满足不同数据类型间进行运算的需要，VHDL 中允许设计者对基本操作符进行重新定义，使其能够对不同数据类型进行运算操作。事实上，在 VHDL 设计库中已经包含了这样的程序包。例如，在 Quartus Ⅱ 6.0 安装目录下\libraries\vhdl\ieee\NUMERIC_BIT.VHD 程序包中，就包含了对上述各操作符的重载函数定义。其中，对 "＋" 操作符重载函数定义的原形如下。

```
function "+"(L,R:UNSIGNED) return UNSIGNED;
function "+"(L,R:SIGNED) return SIGNED;
function "+"(L:UNSIGNED; R:NATURAL) return UNSIGNED;
function "+"(L:NATURAL; R:UNSIGNED) return UNSIGNED;
function "+"(L:INTEGER; R:SIGNED) return SIGNED;
function "+"(L:SIGNED; R:INTEGER) return SIGNED;
--注:type UNSIGNED is array (NATURAL range <> ) of BIT;
--type SIGNED is array (NATURAL range <> ) of BIT;
```

这样，设计者只要在自己的设计文件中通过 USE IEEE.NUMERIC_BIT.ALL 语句声明使用此程序包，即可在设计描述中直接使用操作符 "＋" 对 bit 数组类型和整数类型进行加法操作。

各个操作符之间具有不同的优先等级，在描述相对复杂的函数关系式时，要注意其优先级关系。表达式中出现两个以上的操作符时，可通过括号（）对其进行运算分组。表 3-3 列出了 VHDL 的操作符优先级。

表 3-3　　　　　　　　　　　　　　VHDL 的操作符优先级

操　作　符	优　先　级
＊＊　　ABS　　NOT	最高优先级
＊　　/　　MOD　　REM	
＋　　－　　&	
SLL　SRL　SLA　SRA　ROL　ROR	
＝　　/=　　<　　<=　　>　　>=	
AND　OR　NOT　XOR　NAND　NOR　XNOR	最低优先级

关于 VHDL 中的操作符的使用说明如下。

（1）对于 VHDL 的 7 种基本逻辑操作符，使用时对数组类型的数据对象的逻辑操作是按位进行的。一般经过综合器综合后，逻辑操作符将直接生成逻辑门电路。信号或变量在这些操作符的直接作用下，可构成组合电路。

（2）关系操作符的作用是将同类型的数据对象进行数据比较，根据关系表达式成立与否返回布尔类型的数据。对于数组类型的操作数，编译器是逐位比较对应位置的数值大小从而确立数值关系的。对枚举类型数据的大小进行比较时，其大小的排序方式与其定义的方式一致。

（3）并置运算操作符“&”的作用是将两个操作数连接起来构成新的一维数组。例如，“hello”& “world”构成“helloworld”，或者“0”& “1”构成“01”。需要注意的是，在使用中，并置后的数组长度要与赋值目标的长度一致。

（4）＊、/、mod、rem 等操作符的使用要注意综合器的支持程度。有时虽然综合器综合过程中并未报告错误，但综合之后的结果并非设计者的预定逻辑要求。因此，避免轻易使用乘除操作，而采用其他的变通方法来实现同样的逻辑设计。

（5）乘方操作符“＊＊”的左侧操作数可以是整数或浮点数，右侧操作数必须为整数，且只有在左侧操作数为浮点数时，右侧操作数才能是负整数。一般地，VHDL 综合器要求乘方操作符作用的操作数的底数必须为 2。

（6）移位操作符 SLL 是将数组向左移位，右边跟进的为补 0；SRL 则正好相反。ROL 的移位方式是数组向左移位，并将左侧移出的位依次填充到右侧移空的位置；ROR 移位方向相反，同样是自循环的移位方式。SLA 和 SRA 是算术移位操组符，其移空的位用最初的首位，即符号位来填充。

Quartus Ⅱ 中限制“＊”、“/”操作符右边的操作数必须为 2 的乘方，如 x＊8、z/2 等。但使用 LPM 库中的子程序则无此限制。另外 Quartus Ⅱ 也不支持 MOD 和 REM 运算操作符，有时虽然能够编译无误，但综合处的硬件系统并不能实现预定功能。

本章对 VHDL 的结构和语法要素进行了介绍，读者应掌握这些基本语法要求，为进一步描述语句的学习打下良好基础。

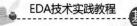

3.2　VHDL 语句格式速查

1. 库语句（Library Clause）

LIBRARY＿library_name;

2. 程序包使用子句（Use Clause）

USE＿library_name.＿package_name. ALL;

3. 实体声明（Entity Declaration）

```
ENTITY＿entity_name IS
  GENERIC
  (
    ＿parameter_name  :string：=  ＿default_value;
    ＿parameter_name  :integer：=  ＿default_value
  );
  PORT
  (
    ＿input_name , ＿input_name        : IN STD_LOGIC;
    ＿input_vector_name               : IN STD_LOGIC_VECTOR(＿high DOWNTO ＿low);
    ＿bidir_name , ＿bidir_name        : INOUT STD_LOGIC;
    ＿output_name , ＿output_name      : OUT STD_LOGIC
  );
END＿entity_name;
```

4. 结构体描述（Architecture body）

```
ARCHITECTURE a OF＿entity_name IS
  SIGNAL＿signal_name：STD_LOGIC;
  SIGNAL＿signal_name：STD_LOGIC;
BEGIN
  －－Process Statement（optional）
  －－Concurrent Procedure Call（optional）
  －－Concurrent Signal Assignment（optional）
  －－Conditional Signal Assignment（optional）
  －－Selected Signal Assignment（optional）
  －－Component Instantiation Statement（optional）
  －－Generate Statement（optional）
END a;
```

5. 元件声明（Component Declaration）

```
COMPONENT＿component_name
  GENERIC
  (
```

```
    __parameter_name:string: = __default_value;
    __parameter_name:integer: = __default_value
);
PORT
(
    __input_name,__input_name        :IN STD_LOGIC;
    __bidir_name,__bidir_name        :INOUT STD_LOGIC;
    __output_name,__output_name      :OUT STD_LOGIC
);
END COMPONENT;
```

6. 元件例化语句 (Component Instatiation Statement)

```
_instance_name:__component_name
  GENERIC MAP
  (
    __parameter_name  => __parameter_value ,
    __parameter_name  => __parameter_value
  )
  PORT MAP
  (
    __component_port  => __connect_port,
    __component_port  => __connect_port
  );
```

7. Case 语句 (Case statement)

```
CASE__expression IS
  WHEN__constant_value =>
    __statement;
    __statement;
  WHEN__constant_value =>
    __statement;
    __statement;
  WHEN OTHERS =>
    __statement;
    __statement;
END CASE;
```

8. 并行过程调用语句 (Concurrent Procedure Call)

```
__label:__procedure_name(__actual_parameter ,__actual_parameter);
```

9. 过程调用语句 (Procedure Call Statement)

```
__procedure_name(__actual_parameter,__actual_parameter);
```

10. 信号赋值语句 (Signal Assignment Statement)

```
__signal_name <= __expression;
```

11. 并行信号赋值语句 (Concurrent Signal Assignment Statement)

__signal < = __expression;

12. 条件信号赋值语句 (Conditional Signal Assignment)

__signal < = __expression WHEN__boolean_expression ELSE
                          __expression WHEN__boolean_expression ELSE
                          __expression;

13. 选择信号赋值 (Selected Signal Assignment Statement)

__label:
WITH__expression SELECT
  __signal < = __expression WHEN __constant_value ,
                          __expression WHEN __constant_value ,
                          __expression WHEN __constant_value ,
                          __expression WHEN __constant_value;

14. 变量声明 (Variable Declaration)

VARIABLE__variable_name:__type_name;

15. 变量赋值 (Variable Assignment)

__variable_name: = __expression;

16. 常量声明 (Constant Declaration)

CONSTANT__constant_name:__type_name: = __constant_value;

17. For 循环语句 (For Statement)

FOR__index_variable IN__range LOOP
    __statement;
    __statement;
END LOOP__loop_label;

18. 生成语句 (For Generate Statement)

__generate_label:
FOR__index_variable IN__range GENERATE
    __statement;
    __statement;
END GENERATE;

19. 生成语句 (If Generate Statement)

_generate_label:
IF__expression GENERATE
    __statement;
    __statement;
END GENERATE;

20. If 语句（If Statement）

```
IF__expression THEN
  __statement;
  __statement;
ELSIF__expression THEN
  __statement;
  __statement;
ELSE
  __statement;
  __statement;
END IF;
```

21. 程序包声明（Package Declaration）

```
PACKAGE__package_name IS
  --Type Declaration (optional)
  --Subtype Declaration (optional)
  --Constant Declaration (optional)
  --Signal Declaration (optional)
  --Component Declaration (optional)
END__package_name;
```

22. 进程语句（组合逻辑）（Combinational Logic Process Statement）

```
PROCESS (__signal_name , __signal_name , __signal_name)
  VARIABLE__variable_name  :STD_LOGIC;
  VARIABLE__variable_name  :STD_LOGIC;
BEGIN
  --Signal Assignment Statement (optional)
  --Variable Assignment Statement (optional)
  --Procedure Call Statement (optional)
  --If Statement (optional)
  --Case Statement (optional)
  --Loop Statement (optional)
END PROCESS__process_label;
```

23. 进程语句（时序逻辑）（Sequential Logic Process Statement）

```
PROCESS
  VARIABLE__variable_name  :STD_LOGIC;
  VARIABLE__variable_name  :STD_LOGIC;
BEGIN
  WAIT UNTIL__clk_signal = '1';
  --Signal Assignment Statement (optional)
  --Variable Assignment Statement (optional)
  --Procedure Call Statement (optional)
```

```
- -If Statement (optional)
- -Case Statement (optional)
- -Loop Statement (optional)
END PROCESS__process_label;
```

24. 状态机（带异步复位）(State Machine with Asynch. Reset)

```
ENTITY__machine_name IS
  PORT
  (
    __clk                          : IN   STD_LOGIC;
    __reset                        : IN   STD_LOGIC;
    __input_name,__input_name      : IN   STD_LOGIC;
    __output_name,__output_name    : OUT  STD_LOGIC
  );
END__machine_name;
ARCHITECTURE a OF__machine_name IS
  TYPE STATE_TYPE IS (__state_name,__state_name,__state_name);
  SIGNAL state:STATE_TYPE;
BEGIN
  PROCESS (clk,reset)
  BEGIN
    IF__reset = '1' THEN
      state <= __state_name;
    ELSIF__clk'EVENT AND__clk = '1' THEN
      CASE state IS
        WHEN__state_name =>
          IF__condition THEN
            state <= __state_name;
          END IF;
        WHEN__state_name =>
          IF__condition THEN
            state <= __state_name;
          END IF;
        WHEN__state_name =>
          IF__condition THEN
            state <= __state_name;
          END IF;
      END CASE;
    END IF;
  END PROCESS;
  WITH state SELECT
    __output_name  <=   __output_value  WHEN   __state_name ,
                        __output_value  WHEN   __state_name ,
```

```
                              __output_value   WHEN   __state_name;
END a;
```

25. 状态机（无异步复位）(State Machine without Asynch. Reset)

```
ENTITY__machine_name IS
  PORT
  (
    clk                               : IN STD_LOGIC;
    __input_name , __input_name       : IN STD_LOGIC;
    __output_name , __output_name     : OUT STD_LOGIC
  );
END__machine_name;
ARCHITECTURE a OF__machine_name IS
  TYPE STATE_TYPE IS (__state_name , __state_name , __state_name);
  SIGNAL state: STATE_TYPE;
BEGIN
  PROCESS (clk)
  BEGIN
    IF clk'EVENT AND clk = '1' THEN
      CASE state IS
        WHEN__state_name = >
          IF__condition THEN
            state < = __state_name;
          END IF;
        WHEN__state_name = >
          IF__condition THEN
            state < = __state_name;
          END IF;
        WHEN__state_name = >
          IF__condition THEN
            state < = __state_name;
          END IF;
      END CASE;
    END IF;
  END PROCESS;
  WITH state SELECT
    __output_name  < =  __output_value  WHEN  __state_name ,
                        __output_value  WHEN  __state_name ,
                        __output_value  WHEN  __state_name;
END a;
```

26. 类型定义 (Type)

```
TYPE__enumerated_type_name IS (__name , __name , __name);
```

```
TYPE__range_type_name IS RANGE__integer TO__integer;
TYPE__array_type_name IS ARRAY (INTEGER RANGE <>) OF__type_name;
TYPE__array_type_name IS ARRAY (__integer DOWNTO__integer) OF__type_name;
```

27. 子类型声明 (Subtype)

```
SUBTYPE__subtype_name IS__type_name RANGE__low_value TO__high_value;
SUBTYPE__array_subtype_name IS__array_type_name(__high_index DOWNTO__low_index);
```

28. 计数器设计实例模版 (Full Design：Counter)

```
LIBRARY ieee;
USE ieee.std_logic_1164.all;
ENTITY__entity_name IS
  PORT
  (
    __data_input_name      : IN INTEGER RANGE 0 TO__count_value;
    __clk_input_name       : IN STD_LOGIC;
    __clrn_input_name      : IN STD_LOGIC;
    __ena_input_name       : IN STD_LOGIC;
    __ld_input_name        : IN STD_LOGIC;
    __count_output_name    : OUT INTEGER RANGE 0 TO__count_value
  );
END__entity_name;
ARCHITECTURE a OF__entity_name IS
  SIGNAL  __count_signal_name  : INTEGER RANGE 0 TO__count_value;
BEGIN
  PROCESS (__clk_input_name,__clrn_input_name)
  BEGIN
    IF__clrn_input_name = '0' THEN
        __count_signal_name <= 0;
    ELSIF (__clk_input_name'EVENT AND__clk_input_name = '1') THEN
        IF__ld_input_name = '1' THEN
          __count_signal_name <= __data_input_name;
      ELSE
        IF__ena_input_name = '1' THEN
          __count_signal_name <= __count_signal_name + 1;
      ELSE
          __count_signal_name <= __count_signal_name;
        END IF;
      END IF;
    END IF;
  END PROCESS;
    __count_output_name <= __count_signal_name;
END a;
```

29. 触发器设计模版 (Full Design：Flipflop)

```
LIBRARY ieee;
USE ieee. std_logic_1164. all;
ENTITY__entity_name IS
  PORT
  (
    __d_input_name          : IN STD_LOGIC;
    __clk_input_name        : IN STD_LOGIC;
    __clrn_input_name       : IN STD_LOGIC;
    __ena_input_name        : IN STD_LOGIC;
    __q_output_name         : OUT STD_LOGIC
  );
END__entity_name;
ARCHITECTURE a OF__entity_name IS
  SIGNAL__q_signal_name   : STD_LOGIC;
BEGIN
  PROCESS (__clk_input_name , __clrn_input_name)
  BEGIN
      IF__clrn_input_name = '0' THEN
        __q_signal_name < = '0';
      ELSIF (__clk_input_name'EVENT AND__clk_input_name = '1') THEN
        IF__ena_input_name = '1' THEN
          __q_signal_name < = __d_input_name;
      ELSE
          __q_signal_name < = __q_signal_name;
      END IF;
    END IF;
  END PROCESS;
  __q_output_name < = __q_signal_name;
END a;
```

30. 三态门实例模版 (Full Design：Tri-state Buffer)

```
ENTITY__entity_name IS
  PORT
  (
    __oe_input_name        : IN STD_LOGIC;
    __data_input_name      : IN STD_LOGIC;
    __tri_output_name      : OUT STD_LOGIC
  );
END__entity_name;
ARCHITECTURE a OF__entity_name IS
BEGIN
```

```
    PROCESS (__oe_input_name , __data_input_name)
    BEGIN
      IF__oe_input_name = '0' THEN
        __tri_output_name <= 'Z';
      ELSE
        __tri_output_name <= __data_input_name;
      END IF;
    END PROCESS;
END a;
LIBRARY__library_name;                    ――库声明
USE__library_name. __package_name. ALL;   ――程序包使用
ENTITY__entity_name IS                    ――实体声明
  GENERIC
  (
    __parameter_name   :string: =   __default_value;
    __parameter_name   :integer: =   __default_value
  );
    PORT                              ――端口声明
    (
      __input_name , __input_name      :IN STD_LOGIC;
      __input_vector_name              :IN STD_LOGIC_VECTOR(__high DOWNTO __low);
      __bidir_name, __bidir_name       :INOUT STD_LOGIC;
      __output_name, __output_name     :OUT STD_LOGIC
    );
END__entity_name;
ARCHITECTURE a OF__entity_name IS
  SIGNAL__signal_name:STD_LOGIC;          ――信号声明
  SIGNAL__signal_name:STD_LOGIC;
  COMPONENT__component_name               ――元件声明
    GENERIC
    (
      __parameter_name:string: = __default_value;
      __parameter_name:integer: = __default_value
    );
    PORT
    (
      __input_name , __input_name     :IN STD_LOGIC;
      __bidir_name , __bidir_name      :INOUT STD_LOGIC;
      __output_name , __output_name    :OUT STD_LOGIC
    );
END COMPONENT;
BEGIN
  __process_label:                        ――进程语句
```

```
PROCESS (__signal_name , __signal_name , __signal_name)
  VARIABLE__variable_name  :  STD_LOGIC;    --变量声明
  VARIABLE__variable_name  :  STD_LOGIC;
BEGIN
  IF__expression THEN                        --IF 语句
    __statement;
    __statement;
  ELSIF__expression THEN
    __statement;
    __statement;
  ELSE
    __statement;
    __statement;
  END IF;
  CASE__expression IS                        --CASE 语句
    WHEN__constant_value = >
        __statement;
        __statement;
    WHEN__constant_value = >
        __statement;
        __statement;
    WHEN OTHERS = >
      __statement;
      __statement;
  END CASE;
END PROCESS__process_label;
  __signal < = __expression;                  --简单信号赋值语句
__label:__signal< =  __expression WHEN__boolean_expression ELSE
                     __expression WHEN__boolean_expression ELSE
                     __expression;           --条件信号赋值语句
__label:WITH__expression SELECT              --选择信号复制语句
  __signal< =  __expression  WHEN  __constant_value ,
               __expression  WHEN  __constant_value ,
               __expression  WHEN  __constant_value ,
               __expression  WHEN  __constant_value;
__instance_name:__component_name   GENERIC MAP    --元件例化(端口映射)
  (
    __parameter_name  = >  __parameter_value ,
    __parameter_name  = >  __parameter_value
  )
  PORT MAP
  (
    __component_port  = >  __connect_port ,
```

```
    __component_port  =>  __connect_port
  );
END a;
```

3.3　Verilog HDL 语法要素

3.3.1　Verilog HDL 标识符

Verilog HDL 中的标识符（Identifier）就是用户为程序描述中的 Verilog 对象所起的名字。模块名、端口名和实例名都是标识符。标识符的基本规则如下。

（1）标识符必须以英语字母（a～z，A～Z）起头，或者用下划线符（_）起头。其中可以包含数字、$ 符号和下划线符号。

（2）标识符最长可以达到 1023 个字符。

（3）Verilog 语言是大小写敏感的，所有的 Verilog 关键字都是小写的。

标识符可以是任意一组字母、数字、$ 符号和 _（下划线）符号的组合，但标识符的第一个字符必须是字母或者下划线。以下是几个合法标识符的例子。

Count　　COUNT　　_R1_D2　　R56_68　　FIVE $

转义标识符（Escaped Identifier）可以在一条标识符中包含任何可打印字符。转义标识符以 \（反斜线）符号开头，以空白结尾（空白可以是一个空格、一个制表字符或换行符）。下面列举了几个转义标识符。

\7400
\.*.$
\{******}
\~Q
\OutGate 与 OutGate 相同。

最后一个示例说明了在一条转义标识符中，反斜线和结束空格并不是转义标识符的一部分。也就是说，标识符 \ OutGate 和标识符 OutGate 相同。

Verilog HDL 定义了一系列保留字，称为关键词，它仅用于某些上下文中。列出了语言中的所有保留字。注意只有小写的关键词才是保留字。例如，标识符 always（这是个关键词）与标识符 ALWAYS（非关键词）是不同的。

另外，转义标识符与关键词并不完全相同。标识符 \ initial 与标识符 initial（这是个关键词）不同。

3.3.2　Verilog HDL 注释

设计中应注意养成写注释的习惯，以便于程序调试、移植和其他设计人员参考利用。在 Verilog HDL 中有两种形式的注释。

（1）单行注释符用//**********，与C语言一致。

（2）多行注释符用/*－－－－－－－－*/，与C语言一致。

空格在文本中起一个分离符的作用。

3.3.3　Verilog 的四种逻辑值

0：低电平、逻辑 0 或逻辑非。

1：高电平、逻辑 1 或"真"。

x 或 X：不确定或未知的逻辑状态。

z 或 Z：高阻态。

Verilog 中的所有数据类型都在上述 4 类逻辑状态中取值，其中 x 和 z 都不区分大小写，即值 0x1z 与值 0X1Z 是等同的。

3.3.4　Verilog HDL 数据类型

Verilog HDL 中共有 18 种数据类型，分成常量和变量。其中最基本、最常用的有以下 4 种。

（1）寄存器型 reg。

（2）线网型 wire。

（3）整型 integer。

（4）参数型 parameter。

注：其余的包括 large、medium、scalared、time、small、tri、trio、tri1、triand、trior、trireg、vectored、wand、wor 型，主要与基本单元库有关，设计时很少使用。下面就常用的数据类型进行介绍。

一、常量

常量在程序运行中，其值不能被改变。

两类最基本的常量：数字型常量和参数（parameter）。

1. 数字型常量

整型数可以按如下两种方式书写。

（1）简单的十进制数格式。

32　　//十进制数 32

−15　　//十进制数 −15（负号不可以放在位宽和进制之间，也不可以放在进制和具体的数之间，只能写在最左端。）

（2）基数表示法。

格式：<位宽>'<进制><数字>

位宽是按照二进制数来计算的。进制以字母来定义区分，可以为 b 或 B（二进制）、o 或 O（八进制）、d 或 D（十进制）、h 或 H（十六进制）。进制后跟随符合相应进制的数字量。例如：

4'd2　　//4 位十进制数　　　6'o27　　//6 位八进制数　　　8'b10101100　　//8 位二进制数

1）如定义位宽比实际位数长，且数值的最高位为 0 或 1 时，相应的高位补 0；但数值最高位为 x 或 z 时，相应的高位补 x 或 z。

例如：10'b10 = 10'b0000000010　　　10'bx0x1 = xxxxxxx0x1。

2）如定义位宽比实际位数短，最左边截断。例如：3'b10010111 = 3'b111。

3）如没有定义位宽，其宽度与计算机有关，至少是 32 位。

例如：'o721　　//32 位八进制数　　　'hAF　　//32 位十六进制数。

4）x 代表不确定值，z 代表高阻值。每个字符代表的位宽取决于所用的进制。例如，在

H中表示二进制数的 4 位处于 x 或 z，在 O 中表示八进制数的 3 位处于 x 或 z，在 B 中表示二进制数的 1 位处于 x 或 z，z 还有一种表达方式是可以写作"?"。

例如：4'b101z   //位宽为 4 的二进制数，12'dz   //位宽为 12 的十进制数。

2. 参数

参数是一个常量。用关键字 parameter 定义一个标识符来代表一个常量。

格式：parameter param1 = const_expr1,
　　　param2 = const_expr2,

参数经常用于定义时延和变量的宽度，可以提高程序的可读性，也利于修改。

例如：parameter size = 8;
　　　reg [size−1:0] a, b;

二、变量

值可以改变的量称为变量。它用来表示数字电路中的物理连线、数据存储和传输单元等物理量，并占据一定存储空间，在该存储空间内存放变量的值。

在 Verilog 中有两大主要数据类型：连线类型（wire）、寄存器类型（reg）。此外，还有存储器类型（memory）和其他类型变量。

1. 线网类型

wire 型的数据用来表示组合逻辑信号，可以用作任何方程式的输入和实例元件的输出，但只能在 assign 语句中被赋值使用；wire 型数据的默认初始值为不定值 z。

定义格式：wire[n:1]变量名 1，变量名 2，…，变量名 n。
[n:1]表示数据的位宽为 n 位，默认数据位宽为 1
例如：wire w1，w2; wire[8:1]。

数据位宽也可以如下描述。

wire [n−1:0]、wire [1:n]、wire [0:n−1]，左边的数字表示数据最高位，右边的数字表示数据最低位。例如：

Wire [0:3] address；//address [0] 为最高位，address [3] 为最低位。

若只使用了变量中的某几位，可直接说明，但位宽必须一致。

Wire[3:0]drain; Wire[1:0] source;

Assign drain[3:2] = source;

2. 寄存器类型

reg 型变量能保持其值，直到它被赋予新的值。
reg 型数据常用来表示 always 块内的指定信号，常代表触发器。
reg 型数据的默认初始值为不定值 x，其格式与 wire 型类似。

格式：reg[n:0]变量名 1、变量名 2，…，变量名 n。
　　　reg[n−1:0]、reg[1:n]、reg[0:n−1]。

3. 存储器类型

用一个寄存器数组来构成 memory 型变量。

格式：reg［msb：lsb］存储器［upper1：lower1］；

例如：reg［3：0］ MyMem［63：0］； // 64 个四位寄存器组

4．其他类型变量

（1）integer：整数寄存器。

integer 整数寄存器有符号数，主要用来高层次建模。

例如：integer A； // 整形寄存器，32 位

      integer B［1023：0］； // 1024 位

（2）time：时间类型寄存器。

例如：time CurrentTime； // CurrentTime 存储一个时间值

      CurrentTime ＝ $ time；

在选择使用数据类型时，应注意以下几点。

1）输入端口（input）可以由寄存器或线网连接驱动，但它本身只能驱动网络连接。

2）输出端口（output）可以由寄存器或线网连接驱动，但它本身只能驱动线网连接。

3）输入/输出端口（inout）只可以由线网连接驱动，但它本身只能驱动线网连接。

4）如果信号变量是在过程块（initial 块或 always 块）中被赋值的，必须把它声明为寄存器类型变量。

3.3.5　运算符

Verilog HDL 语言的运算符范围很广，其运算符按功能可分为以下 9 类。

（1）算术运算符：＋，－，＊，＊＊，/，％。

（2）缩减运算符：^~，^，｜，~｜，&，~&。

（3）关系运算符：＞，＜，＞＝，＜＝。

（4）逻辑运算符：&&，||，!。

（5）条件运算符：?:。

（6）位运算符：~，｜，&，^，^~。

（7）移位运算符：＜＜，＞＞。

（8）拼接运算符：{ }。

（9）等号运算符：＝＝，!＝，＝＝＝，!＝＝。

1．基本的算术运算符

在 Verilog HDL 语言中，算术运算符又称二进制运算符，共有下面几种。

（1）＋：加法运算符。

（2）－：减法运算符。

（3）＊：乘法运算符，＊＊求幂。

（4）/：除法运算符。

（5）％：模运算符，或称为求余运算符，要求％两侧均为整型数据。如 7％3 的值为 1，且结果的符号位与运算式中的第一个操作数的符号位一致。

注：如果有一个操作数有不确定值 X，则整个结果也为不定值。

例如：A＝4'B0011 B＝4'B0100 D＝6 E＝4 F＝2

    A＋B＝4'B 0111　B－A＝4'B0001 A＊B＝4'B 1100　D/E＝1 E＊＊F＝16－7％2＝－1　7％（－2）＝1

2. 位运算符

在电路中信号进行与、或、非时，反映在 Verilog HDL 中则是相应的操作数的位运算。Verilog HDL 提供了以下 5 种位运算符。

(1) ～：取反。

(2) &：按位与。

(3) |：按位或。

(4) ^：按位异或。

(5) ^～：按位同或（异或非）。

例如：若 A = 5'b11001，B = 5'b10101

则有～A = 5'b00110　　A&B = 5'b10001　　A|B = 5'b11101

3. 逻辑运算符

在 Verilog HDL 语言中存在 3 种逻辑运算符。

(1) &&：逻辑与。

(2) ‖：逻辑或。

(3)！：逻辑非。

以上三种逻辑运算符分别是对操作数做与、或、非运算，操作结果为 0 或 1。如有未知值则结果为 X。

例如：(1)A = 3; B = 0;　　　　　A&&B = 0;！A = 0;　　A//B = 1;！B = 1;

(2)A = 2'b0x; b = 2'b10;　　A&&B = X;

4. 关系运算符

在 Verilog HDL 语言中存在 4 种关系运算符。

(1) ＜：小于。

(2) ＜＝：小于等于。

(3) ＞：大于。

(4) ＞＝：大于等于。

关系运算符是对两个操作数进行大小比较，如果比较结果为真（true），则结果为 1，如果比较结果为假（flase），则结果为 0，关系运算符多用于条件判断。

例如：A = 4, B = 3, X = 4'B1010, Y = 4'B1101, Z = 4'B1XXX

A＜ = B 值为 0; A＞B 值为 1; Y＞ = X 值为 1; Y＜Z 值为 X

5. 等式运算符

与关系运算符类似，等式运算符也是对两个操作数进行比较，如果比较结果为假，则结果为 0，反之为 1。

在 Verilog HDL 语言中存在 4 种等式运算符。

(1) ＝＝：等于，注意在程序中书写时无空格。

(2)！＝：不等于。

(3) ＝＝＝：全等，注意在程序中书写时无空格。

(4)！＝＝：全不等，注意在程序中书写时无空格。

＝＝运算符对两个操作数进行逐位比较，只有当两个操作数逐位相等时，结果才为 1，如果操作数中有不定值 X，则比较的结果就是不确定值。

＝＝＝运算符对操作数中的不确定值或高阻值也进行比较，当两个数完全一致时，结果为 1，否则为 0。

例如：　　b = 4 ' bxx01;　　　　d = 4'bxx01

则　　　　b = = d:结果为 x, 因为操作数出现了 x。

b = = = d:结果为真,值为 1,严格按位比较。

6. 移位运算符

在 Verilog HDL 中有两种移位运算符："＜＜"（左移位运算符）和"＞＞"（右移位运算符）。

a＜＜n （右移）或　a＞＞n（左移）

a 代表要进行移位的操作数，n 代表要移几位。这两种移位运算都用 0 来填补移出的空位。进行移位运算时应注意移位前后变量的位数。

例如:4'b1001＜＜1 = 5'b10010;　　4'b1001＜＜2 = 6'b100100;

1＜＜6 = 6'b1000000;　　4'b1001＞＞1 = 4'b0100;　　4'b1001＞＞4 = 4'b0000;

7. 位拼接运算符

在 Verilog HDL 语言中有一个特殊的运算符：位拼接运算符 { }。用这个运算符可以把两个或多个信号的某些位拼接起来进行运算操作。其使用方法如下。

{信号 1 的某几位, 信号 2 的某几位, ……, 信号 n 的某几位}

即把某些信号的某些位详细地列出来，中间用逗号分开，最后用大括号括起来表示一个整体信号。

例如:{ 4 { w } }:等同于{w, w, w, w}

{3{1'b0}}:结果为 000

{2{a, b}}:等同于{ {a, b}, {a, b} }, 也等同于{ a, b, a, b }

8. 缩减运算符

在 Verilog HDL 语言中存在 6 种缩减运算符。

(1) ^~：同或。

(2) ^：异或。

(3) | ：或。

(4) ～|：或非。

(5) &：与。

(6) ～&：与非。

缩减运算符（Reduction Operator）是单目运算符，也有与、或、非运算。其与、或、非运算规则类似于位运算符的与、或、非运算规则，但其运算过程不同。位运算是对操作数的相应位进行与、或、非运算，操作数是几位数则运算结果也是几位数。而缩减运算则不同，缩减运算是对单个操作数进行或、与、非递推运算，最后的运算结果是 1 位的二进制数。

缩减运算的具体运算过程如下。

第一步先将操作数的第 1 位与第 2 位进行或、与、非运算；第二步将运算结果与第 3 位进行或、与、非运算，依次类推，直至最后 1 位。

例如：reg[3:0] B;　　reg C;

　　　　　　　　　　C = &B;

相当于：　　　　　　　C = ((B[0] & B[1]) & B[2]) & B[3];

例如：A = 5'b11001

　　&A = 0：可判决全 1　　　|A = 1：可判决全 0　　　^A = 1：可进行奇偶校验

9. 条件运算符

条件运算符是根据条件表达式的值来选择执行表达式的，是唯一的三目运算符。格式如下。

条件表达式 ? 待执行表达式 1:待执行表达式 2

其中，条件表达式计算的结果可以是真（1）或假（0），如果条件表达式结果为真，选择执行待执行表达式 1；如果条件表达式结果为假，选择执行待执行表达式 2。

如果条件表达式结果为 x 或 z，那么两个待执行表达式都要计算，然后把两个计算结果按位进行运算得到最终结果。如果两个表达式的某一位都为 1，那么该位的最终结果为 1；如果都是 0，那么该位结果为 0；否则该位结果为 x。

例如：out = sel? in1∶in0

测试 sel>0 是否成立，如果为真，in1 就赋给 out；如果为假，in2 就赋给 out。

3.4　Verilog HDL 语句格式速查

3.4.1　设计单元：模块

1. 模块声明方式一（module declaration：style 1）

```
module <module_name>
( // parameter declarations 参数声明
    parameter <param_name> = <default_value>,
    parameter [<msb>:<lsb>] <param_name> = <default_value>,
parameter signed [<msb>:<lsb>] <param_name> = <default_value>
    …)
(
    // input ports 输入端口声明
    input <port_name>,
    input [<msb>:<lsb>] <port_name>,
    input signed [<msb>:<lsb>] <port_name>,
    …
    // output ports 输出端口声明
    output <port_name>,
    output [<msb>:<lsb>] <port_name>,
    output reg [<msb>:<lsb>] <port_name>,
    output signed [<msb>:<lsb>] <port_name>,
```

```
    output reg signed [<msb> : <lsb>] <port_name> ,
    ...
    // inout ports 双向端口声明
    inout <port_name> ,
    inout [<msb> : <lsb>] <port_name> ,
    inout signed [<msb> : <lsb>] <port_name>
    ...
);
    // 模块描述语句
end module
```

2. 模块声明方式二（module declaration：style2）

```
module <module_name>(<port_name> , <port_name> , …);
    // input port(s) 输入端口声明
    input <port_name>;
    input wire <port_name>;
    input [<msb> : <lsb>] <port_name>;
    input signed [<msb> : <lsb>] <port_name>;
    ...
    // output port(s) 输出端口声明
    output <port_name>;
    output [<msb> : <lsb>] <port_name>;
    output reg [<msb> : <lsb>] <port_name>;
    output signed [<msb> : <lsb>] <port_name>;
    output reg signed [<msb> : <lsb>] <port_name>;
    ...
    // inout port(s) 双向端口声明
    inout <port_name>;
    inout [<msb> : <lsb>] <port_name>;
    inout signed [<msb> : <lsb>] <port_name>;
    ...
    // parameter declaration(s)参数声明
    parameter <param_name> = <default_value>;
    parameter [<msb> : <lsb>] <param_name> = <default_value>;
    parameter signed [<msb> : <lsb>] <param_name> = <default_value>;
    ...
    //模块描述语句
end module
```

3.4.2　声明

1. 线网声明

线网声明（Net Declaration）关键字为 wire。

```
wire <net_name>;
```

```
wire <net_name> = <declaration_assignment>;
wire [<msb>:<lsb>] <net_name>;
wire [<msb>:<lsb>] <net_name> = <declaration_assignment>;
```

2. 变量声明

变量声明（Variable Declaration）关键字为 reg。

```
reg <variable_name>;
reg <variable_name> = <initial_value>;
reg [<msb>:<lsb>] <variable_name>;
reg [<msb>:<lsb>] <variable_name> = <initial_value>;
// signed vector 有符号的变量
reg signed [<msb>:<lsb>] <variable_name>;
reg signed [<msb>:<lsb>] <variable_name> = <initial_value>;
// 2 - d array. 二维变量声明, 实际声明了一个存储器
reg [<msb>:<lsb>] <variable_name>[<msb>:<lsb>];
// 32 - bit signed integer 32 位有符号的整数
integer <variable_name>;
```

3. 函数声明（function declaration）

```
function <func_return_type> <func_name>(<input_arg_decls>);
  // optional block declarations 可选的局部变量声明
  // statements 描述
end function
```

4. 任务声明（task declaration）

```
task <task_name>(<arg_decls>);
  // optional block declarations 可选的局部变量声明
  // statements 描述
end task
```

5. 生成变量声明（genvar declaration）

```
genvar <genvar_id>;
genvar <genvar_id1> , <genvar_id2> , …<genvar_idn>;
```

3.4.3　模块并行执行语句格式

1. 基本生成语句

```
generate
  // generate items
end generate
```

2. 条件生成语句

形式一：//if

```
    if (<constant_expression>)
      begin:<if_block_name>
```

```
                // generate items
                end
```

形式二：// if－else
```
                if(<constant_expression>)
                begin：<if_block_name>
                // generate items
                end
                else
                begin：<else_block_name>
                // generate items
                end
```

3. case 生成语句

```
case(<constant_expr>)
<constant_expr>：
begin：<block_name>
    // generate items
end
<constant_expr>：
begin：<block_name>
    // generate items
end
//…
default：
  begin：<block_name>
  end
end case
//注：以上语句中块名是可选的但推荐使用。
```

4. 连续赋值语句 （continuous assignment）

//连续赋值语句中的被赋值对象一定是线网类型的变量
```
assign <net_lvalue> = <value>;
```

5. always 块 （描述组合电路形式） always construction （combinatonal）

```
always@(＊)
begin
// statements
end
```

6. always 块 （描述时序电路形式） always construction （sequentiall）

// 边沿事件包括上升沿、下降沿
// 多个边沿事件之间用"or"或","分隔
例如：always@(posedge clk or negedge reset)
```
        always@(<edge_events>)
```

```
begin
// statements
end
```

7. 元件实例化语句 module instantions

```
// basic module instantiation 基本元件实例化语句
<module_name> <inst_name>(<port_connects>);
//带参数的元件实例化语句
<module_name> #(<parameters>) <inst_name>(<port_connects>);
// array of instances 元件实例化语句数组
<module_name> #(<parameters) [<msb>:<lsb>] <inst_name>(<port_conects>);
```

3.4.4　顺序执行语句

顺序执行语句（sequential statements）必须出现在 always 块中，不能独立存在。

1. 循环语句（loops）

（1）for_循环（for_loop）。

```
for(<variable_name> = <value>; <expression>; <variable_name> = <value>)
begin
  // statements
end
```

（2）while_循环（while loop）。

```
  while(<expression>)
begin
  // statements
end
```

2. 阻塞赋值（blocking assignment）

```
//当对描述组合逻辑的变量赋值时,使用阻塞赋值语句
<variable_lvalue> = <expression>;
```

3. nonblocking assignment 非阻塞赋值

```
//当对描述时序逻辑的变量(寄存器,存储器,状态机)赋值时,使用阻塞赋值语句
<variable_lvalue> <= <expression>;
```

4. if statement 条件语句

```
if(<expression>) //形式一:不带 else 的(不完整)条件句
begin
  // statements
end
if(<expression>)//形式二:带 else 的(完整)条件句
begin
  // statements
end
```

```
else
begin
  // statements
end
```

5. 多分支语句（case statement）

```
// x and z 值不能作为无关项处理
case(<expr>)
<case_item_exprs>:<sequential statement>
<case_item_exprs>:<sequential statement>
<case_item_exprs>:<sequential statement>
default:<statement>
end case
```

6. x 分支语句（casex statement）

```
// x 值作为无关项处理
casex(<expr>)
<case_item_exprs>:<sequential statement>
<case_item_exprs>:<sequential statement>
<case_item_exprs>:<sequential statement>
default:<sequential statement>
end case
```

7. z 分支语句（casez statement）

```
// z 值作为无关项处理
casez(<expr>)
<case_item_exprs>:<sequential statement>
<case_item_exprs>:<sequential statement>
<case_item_exprs>:<sequential statement>
default:<sequential statement>
end case
```

8. 顺序块（sequential block）

```
// 没有块名的顺序块不能有局部变量声明
begin
  // statements
end
//   有块名的顺序块可以有局部变量声明
begin:<block_name>
  // block declarations
  // statements
end
```

第 4 章

GW48教学实验系统说明

4.1 GW48 系列教学实验系统原理与使用介绍

4.1.1 GW48 系统使用注意事项

(1) 闲置不用 GW48 EDA 实验系统时，关闭电源，拔下电源插头。

(2) 不同的实验应对应选择不同的电路模式，请正确选择电路模式。

(3) 在实验中，当选中某种模式后，要按一下右侧的复位键，以使系统进入该模式工作。

(4) 不得随意更换实验箱。

(5) 不得随意插拔、拆卸下载线，以免接触不良，造成无法正常下载。

4.1.2 系统构成与使用方法

图 4-1～图 4-3 为 GW48-PK 系列各型号的 EDA 实验开发系统的板面结构图。对应图中各个标号，下面分别说明各个模块的功能和使用方法。

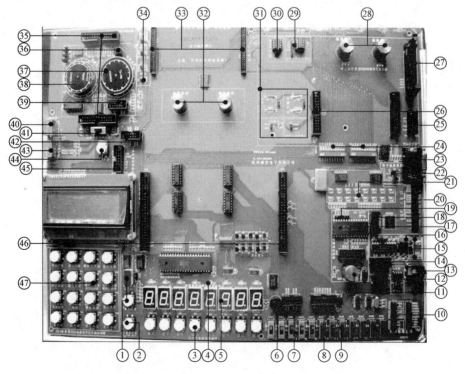

图 4-1 GW48-PK2

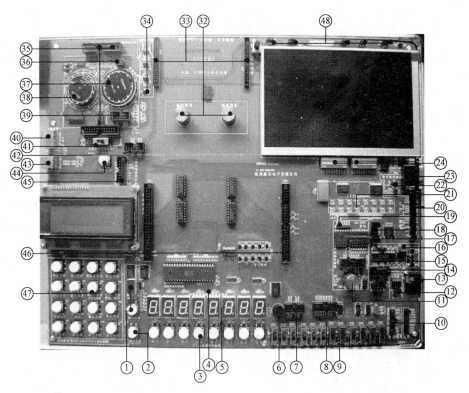

图 4 - 2　GW48-PK4

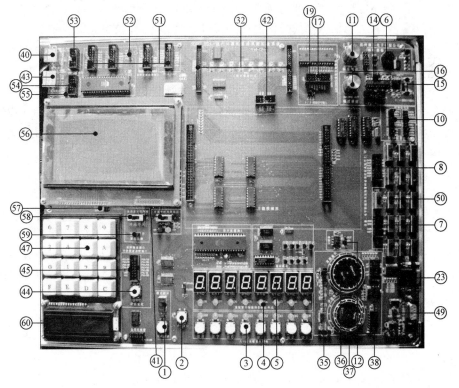

图 4 - 3　GW48-PK3

（1）模式选择键及模式数码显示：按动按键，数码显示"1－B"，该电路结构能仅通过一个键完成纯电子切换（有的产品只能通过许多机械开关手动切换）的方式，Multi-task Reconfiguration 电路结构（多功能重配置结构）选择十余种不同的实验系统硬件电路连接结构，大大提高了实验系统的连线灵活性，但又不影响系统的工作速度（手工插线方式虽然灵活，但会影响系统速度和电磁兼容性能，不适合高速 FPGA/SOPC 等电子系统实验设计）。该系统的实验电路结构是可控的，即可通过控制接口键，使之改变连接方式以适应不同的实验需要。因而，从物理结构上看，实验板的电路结构是固定的，但其内部的信息流在主控器的控制下，电路结构将发生变化重配置。这种"多任务重配置"设计方案的目的有 3 个：①适应更多的实验与开发项目；②适应更多的 PLD 公司的器件；③适应更多的不同封装的 FPGA 和 CPLD 器件。关于电路模式选择用法详见 4.2 节。

模式切换使用举例：若模式键选中了"实验电路结构图 NO.1"，这时的 GW48 系统板所具有的接口方式变为 FPGA/CPLD 端口 PI/O31～28（即 PI/O31、PI/O30、PI/O29、PI/O28）、PI/O27～24、PI/O23～20 和 PI/O19～16，共 4 组 4 位二进制 I/O 端口分别通过一个全译码型 7 段译码器输向系统板的 7 段数码管。这样，如果有数据从上述任一组 4 位输出，就能在数码管上显示出相应的数值，其数值对应范围见表 4-1。

表 4-1　　　　　　　　　　外带译码器的数码管显示模式

FPGA/CPLD 输出	0000	0001	0010	…	1100	1101	1110	1111
数码管显示	0	1	2	…	C	D	E	F

端口 I/O32～39 分别与 8 个发光二极管 D8～D1 相连，可做输出显示，高电平亮。还可分别通过键 8 和键 7，发出高低电平输出信号进入端口 I/O49 和 48；键控输出的高低电平由键前方的发光二极管 D16 和 D15 显示，高电平输出为亮。此外，可通过按动键 4～键 1，分别向 FPGA/CPLD 的 PIO0～PIO15 输入 4 位十六进制码。每按一次键将递增 1，其序列为 1，2，…9，A，…F。注意，对于不同的目标芯片，其引脚的 I/O 号数一般是同 GW48 系统接口电路的"PIO"标号一致的（这就是引脚标准化），但具体引脚号是不同的，而在逻辑设计中引脚的锁定数必须是该芯片的具体的引脚号。具体对应情况需要参考 4.3 节的引脚对照表。

（2）系统复位键：在对 FPGA 下载以后，按动此键，起到稳定系统的作用；在实验中，当选中某种模式后，要按一下右侧的复位键，以使系统进入该结构模式工作。注意此复位键仅对实验系统的监控模块复位，而对目标器件 FPGA 没有影响，FPGA 本身没有复位的概念，上电后即工作，在没有配置前，FPGA 的 I/O 口是随机的，故可以从数码管上看到随机闪动，配置后的 I/O 口才会有确定的输出电平。

（3）键 1～键 8：为实验信号控制键，此 8 个键受多任务重配置电路控制，它在每一张电路图中的功能及其与主系统的连接方式随模式选择键的选定的模式而变，使用中需参照 4.2 节中的电路图。

（4）发光管 D1～D16：受多任务重配置电路控制，它们的连线形式也需参照 4.2 节的电路图。

（5）数码管 1～8：左侧跳线冒跳"ENAB"端受多任务重配置电路控制，它们的连线形式也需参照 4.2 节的电路图。跳"CLOSE"端，8 数码管为动态扫描模式，具体引脚请参考 4.2 节图 4-14。

（6）扬声器：与目标芯片的"SPEAKER"端相接，通过此口可以进行奏乐或了解信号的频率，它与目标器件具体引脚号，应该查阅4.3节的表格。

（7）十芯口：FPGA IO口输出端，可用康芯提供的十芯线或单线外引，IO引脚名在其边上标出，GW48-PK2/4和GW48-PK3标引的IO口不同，一一对应再根据芯片型号查找表。注意，此IO口受多任务重配置控制，如果在模式控制下或（9）选用了这些脚，在此就不能复用。

（8）十四芯口：和（7）相同。

（9）电平控制开关：作为IO口输入控制，每个开关IO口锁定引脚在其上方已标出引脚名，用法和其他IO口查表用法一样。注意，①此IO口受多任务重配置控制，在模式控制下或（7）、（8）选用了这些脚，在此就不能复用；②这些开关在闲置时必须打到上面，高电平上"H"。

（10）时钟频率选择：通过短路帽的不同接插方式，使目标芯片获得不同的时钟频率信号。对于"CLOCK0"，同时只能插一个短路帽，以便选择输向"CLOCK0"的一种频率，信号频率范围0.5Hz～20MHz。由于CLOCK0可选的频率比较多，所以比较适合于目标芯片对信号频率或周期测量等设计项目的信号输入端。右侧座分3个频率源组，它们分别对应三组时钟输入端：CLOCK2、CLOCK5、CLOCK9。例如，将3个短路帽分别插于对应座的2Hz、1024Hz和12MHz，则CLOCK2、CLOCK5、CLOCK9分别获得上述3个信号频率。需要特别注意的是，每一组频率源及其对应时钟输入端，分别只能插一个短路帽。即最多只能提供4个时钟频率输入FPGA：CLOCK0、CLOCK2、CLOCK5、CLOCK9，这四组对应的FPGA IO口请查询第4.3节。

（11）AD0809模拟信号输入端电位器：转动电位器，通过它可以产生0V～+5V幅度可调的电压，输入通道AD0809 IN0。

（12）比较器LM311控制口：可用单线连接，若与D/A电路相结合，可以将目标器件设计成逐次比较型A/D变换器的控制器。

（13）DA0832模拟信号插孔输出方式。

（14）DA0832的数字信号输入口：8位控制口在边上已标出，可用十芯线和（7）相连，进行FPGA产生数字信号对其控制实验。

（15）DA0832模拟信号钩针输出方式。

（16）10K的电位器：可对DA0832所产生的模拟信号进行幅度调谐。

（17）AD0809的控制端口：控制端口名在两边已标出，可用十四芯线与（8）相连，FPGA对其控制。

（18）CPLD EPM3032编程端口：可用随机提供的ByteBlasterMV编程器进行对其编程。

（19）AD0809模拟输入口：其中IN0和（11）电位调谐器相连，转动。

（20）CPLD EPM3032的IO口：可外引，引脚在边上已标出，一一对应即可。

（21）16个LED发光管：引脚在其下方标出，注意，此IO口受多任务重配置控制，在模式控制下选用了这些脚，在此就不能复用。

（22）数字温度测控脚：可用单线连接。

（23）VGA端口：其控制端口在左边已标出，PK2/PK4：R：PIO68、G：PIO69、B：PIO70、HS：PIO71、VS：PIO73。PK3：R：PIO31、G：PIO28、B：PIO29、HS：PIO26、VS：PIO27。

（24）两组拨码开关：用于 PK4 彩色 LCD 控制端口连接，在控制 LCD 实验时，拨码开关拨到下方，以此 FPGA 与 LCD 端口相连，引脚在两侧已标出，一一对应查表。具体可查询第 5 章。注意，此 IO 口受多任务重配置控制，不能重复使用。不做此实验时，必须把拨码开关拨到上方。

（25）DDS 模块上 FPGA EP1C3 的 IO 口：此口可与 DA0832 数据口（14）相连，可提供 DDS 的模拟参考信号 B 通道波形输出。

（26）DDS 模块插座：具体 DDS 用法请参考第 4.3 节。

（27）FPGA 与 PC 机并口通信口：FPGA 引脚在两侧已标出。

（28）DDS 模块：A 通道的幅度和偏移调谐旋钮。

（29）E 平方串行存储器的控制端口：可用单线连接。

（30）I2C 总线控制端口：可用单线连接。

（31）DDS 模块信号输入输出脚：每个功能在边上已经标出，具体请结合选配 DDS 模块的功能说明。

（32）配右边 DDS 模块：同（28）。

（33）模拟可编程器件扩展区。

（34）配右边 DDS 模块：同（31）。

（35）右边 DDS 模块插座：选配 DDS 模块插接口。

（36）红外测直流电机座：控制脚在（39）"CNT"。

（37）直流电机控制脚：在（39）。

（38）四项八拍步进电机：控制脚在（39）。

（39）十芯口、直流电机、步进电机和红外测速控制端口："AP、BP、CP、DP"分别是步进电机控制端口，"DM1、DM2"分别是直流电动机控制端口，"CNT"是红外测速控制端口，此口可与（42）或（7）连接，完成控制电动机实验。

（40）PS12 键盘接口：控制脚在其下方已经标出。

（41）＋/－12V 开关：一般用到 DA 时，打开此开关，未用到＋/－12V 时，请务必关闭，拨到左边为关，右边为开。

（42）FPGA IO 口：可外接。

（43）PS12 鼠标接口：控制脚在其下方已经标出。

（44）本公司提供的 IP8051 核的复位键。

（45）字符液晶 2004/1602 和 4×4 矩阵键盘控制端口：可与 DDS 模块十四芯口相连，或用于适配板上提供十四芯口相连，完成 IP8051/8088 核实验或与 DDS 模块相连，构成 DDS 功能模块。

（46）FPGA/CPLD 万能插座：可插不同型号目标芯片于主系统板上的适配座。可用的目标芯片包括目前世界上最大的六家 FPGA/CPLD 厂商几乎所有 CPLD、FPGA 和所有 ispPAC 等模拟 EDA 器件。每个脚本公司已经定义标准化，第 4.3 节的表中已列出多种芯片对系统板引脚的对应关系，以便在实验时经常查用。

（47）4×4 矩阵键盘：控制端口在（45）中已经标出，相关原理图请查看光盘系统说明。

（48）彩色液晶显示屏：其控制用法，一般默认厂家提供的跳线模式。作为实验模块，此显示屏幕只能用 FPGA 驱动。彩色液晶显示屏上有 5 个跳线选择。

1）控制模式 MODE 跳线选择：选择"H"即选择普通 LCD 扫描控制方法，选择"L"即选择 VGA 方式扫描。

2）DCLK 跳线选择：选择"HS"即选择 VGA 方式扫描控制；选择"DCLK"即选择普通 LCD 控制方式。

3）VS/DE 跳线选择：选择"VS"即选择 VGA 方式扫描控制；选择"DE"即选择普通 LCD 控制方式。

4）L/R 跳线选择：选择"H"即选择从右至左方式扫描；选择"L"即选择从左至右方式扫描。

5）U/D 跳线选择：选择"H"即选择从上至下式扫描；选择"L"即选择从下至上方式扫描。

（49）RS-232 串行通信接口：此接口电路是为 FPGA 与 PC 通信和 SOPC 调试准备的。或使 PC 机、单片机、FPGA/CPLD 三者实现双向通信。对于 GW48-PK3 系统，其通信端口是与中间的双排插座上的 TX30、RX31 相连的。可用单线连接。

（50）电平控制开关：作为 IO 口输入控制，每个开关 IO 口锁定引脚在其上方已标出引脚名，用法和其他 IO 口查表用法一样。注意，①此 IO 口受多任务重配置控制，在模式控制下选用了这些脚或（7）、（8），在此就不能复用；②这些开关在闲置时必须打到上面，高电平上"H"。

（51）四个十四芯口：左起分别是 FPGA IO 口，240×128 点阵液晶控制端口，两个单片机部分 IO 口，此四口可用十四芯线分别将 FPGA 和液晶口连接，单片机口与液晶口连接，FPGA、单片机和液晶三项连接。引脚在两侧已经标出。

（52）单片机 P3.0/1 口：可用单线连接。

（53）单片机 89C51 在系统编程口：可通过系统上 57JTAG 口进行对其在系统编程作用编程。

（54）ByteBlasterMV 编程配置口：此口有三个用途。

1）在对适配板 FPGA/CPLD 进行编程时，用十芯线板此口和适配板的"JTAG"口相连。

2）如果要进行独立电子系统开发、应用系统开发、电子设计竞赛等开发实践活动，首先应该将系统板上的目标芯片适配座拔下（对于 Cyclone 器件不用拔），用配置的十芯编程线将"ByteBlasterMV"口和独立系统上适配板上的"JTAG"十芯口相接，进行在系统编程，进行调试测试。不同 PLD 公司器件编程下载接口见表 4-2。

表 4-2　　　　在线编程座各引脚与不同 PLD 公司器件编程下载接口说明

PLD 公司	LATTICE	ALTERA/ATMEL		XILINX		VANTIS
编程座引脚	IspLSI	CPLD	FPGA	CPLD	PGA	CPLD
TCK（1）	SCLK	TCK	DCLK	TCK	CCLK	TCK
TDO（3）	MODE	TDO	CONF_DONE	TDO	DONE	TMS
TMS（5）	ISPEN	TMS	nCONFIG	TMS	/PROGRAM	ENABLE

续表

PLD公司	LATTICE	ALTERA/ATMEL		XILINX		VANTIS
nSTA（7）	SDO		nSTATUS			TDO
TDI（9）	SDI	TDI	DATA0	TDI	DIN	TDI
SEL0	GND	VCC＊	VCC＊	GND	GND	VCC＊
SEL1	GND	VCC＊	VCC＊	VCC＊	VCC＊	GND

注 VCC旁的＊号对混合电压FPGA/CPLD，应该是VCCIO。

3）对isp单片机89S51等进行编程。用十芯线同"MCU DAWNLOAD"口相连。

（55）单片机89C51部分控制端口：可用单线连接。

（56）240×128点阵液晶：资料请查询光盘"A_FILE"文件夹。

（57）调节上面点阵液晶的对比度的电位器。

（58）点阵液晶的开关。

（59）上面点阵液晶的背光跳线帽。

（60）1602字符液晶。

实验箱中间空闲区域是主芯片的插接位置，GW48系列实验箱的系统目标板插座引脚信号图如图4-4所示。

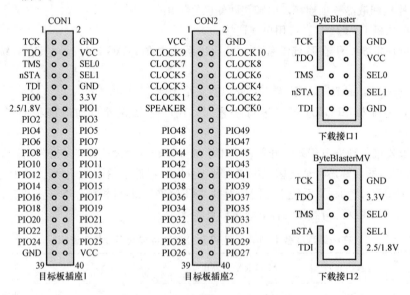

图4-4　GW48系统目标板插座引脚信号图

4.2　实验电路结构图

4.2.1　实验电路信号资源符号图说明

结合图4-5，对后续实验电路结构图中出现的信号资源符号及其功能做出如下说明。

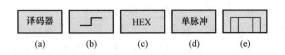

图 4 - 5　实验电路信号资源符号

（1）图 4 - 5（a）是十六进制 7 段数码管全译码器，它有 7 位输出，分别接 7 段数码管的 7 个显示输入端：a、b、c、d、e、f 和 g；它的输入端为 D、C、B、A，D 为最高位，A 为最低位。例如，若所标输入的口线为 PIO19～16，表示 PIO19 接 D、18 接 C、17 接 B、16 接 A。

（2）图 4 - 5（b）是高低电平发生器，每按键一次，输出电平由高到低、或由低到高变化一次，且输出为高电平时，所按键对应的发光管变亮，反之不亮。

（3）图 4 - 5（c）是十六进制码（8421 码）发生器，由对应的键控制输出 4 位二进制构成的 1 位十六进制码，数的范围是 0000B～1111B，即^H0～^HF。每按键一次，输出递增 1，输出进入目标芯片的 4 位二进制将显示在该键对应的数码管上。

（4）直接与 7 段数码管相连的连接方式的设置是为了便于对 7 段显示译码器的设计学习。以图 NO.2 为例，如图所标"PIO46-PIO40 接 g、f、e、d、c、b、a"表示 PIO46、PIO45、…、PIO40 分别与数码管的 7 段输入 g、f、e、d、c、b、a 相接。

（5）图 4 - 5（d）是单次脉冲发生器。每按一次键，输出一个脉冲，与此键对应的发光管也会闪亮一次，时间 20ms。

（6）实验电路结构图 NO.5、NO.5A、NO.5B、NO.5C 和 NO.5D 是同一种电路结构，只不过是为了清晰起见，将不同的接口方式分别画出而已。由此可见，它们的接线有一些是重合的，因此只能分别进行实验，而实验电路结构图模式都选"5"。

（7）图 4 - 5（e）是琴键式信号发生器，当按下键时，输出为高电平，对应的发光管发亮；当松开键时，输出为低电平，此键的功能可用于手动控制脉冲的宽度。具有琴键式信号发生器的实验结构图是 NO.3。

4.2.2　各实验电路结构图特点

（1）结构图 NO.0：目标芯片的 PIO19～PIO44 共 8 组 4 位二进制码输出，经 7 段译码器可显示于实验系统上的 8 个数码管。键 1 和键 2 可分别输出 2 个 4 位二进制码。一方面这 4 位码输入目标芯片的 PIO11～PIO8 和 PIO15～PIO12，另一方面，可以观察发光管 D1～D8 来了解输入的数值。例如，当键 1 控制输入 PIO11～PIO8 的数为^HA 时，则发光管 D4 和 D2 亮，D3 和 D1 灭。电路的键 8～键 3 分别控制一个高低电平信号发生器向目标芯片的 PIO7～PIO2 输入高电平或低电平，扬声器接在"SPEAKER"上，具体接在哪一引脚要看目标芯片的类型，这需要查 4.3 节芯片引脚对应表。例如，目标芯片为 FLEX10K10，则扬声器接在"3"引脚上。目标芯片的时钟输入未在图上标出，也需查阅 4.3 节芯片引脚对应表。例如，目标芯片为 XC95108，则输入此芯片的时钟信号有 CLOCK0～CLOCK10，共 11 个可选的输入端，对应的引脚为 65～80。具体的输入频率，可查看实验箱上对应的标号说明。此电路可用于设计频率计、周期计、计数器等。

（2）结构图 NO.1：适用于做加法器、减法器、比较器或乘法器。例如，要设计加法器，可利用键 4 和键 3 输入 8 位加数；键 2 和键 1 输入 8 位被加数，输入的加数和被加数将显示于键对应的数码管 4～数码管 1，相加的和显示于数码管 6 和 5；可令键 8 控制此加法器的最低位进位。

（3）结构图NO.2：可用于做VGA视频接口逻辑设计，或使用4个数码管（数码管5～数码管8）做7段显示译码方面的实验。直接与7段数码管相连的连接方式的设置是为了便于对7段显示译码器的设计学习。以图NO.2为例，如图所标"PIO46-PIO40接g、f、e、d、c、b、a"表示PIO46、PIO45、…、PIO40分别与数码管的7段输入g、f、e、d、c、b、a相接。而数码管4～数码管1，4个数码管可做译码后显示，键1和键2可输入高低电平。

（4）结构图NO.3：特点是有8个琴键式键控发生器，可用于设计八音琴等电路系统。也可以产生时间长度可控的单次脉冲。该电路结构同结构图NO.0一样，有8个译码输出显示的数码管，可以显示目标芯片的32位输出信号，且8个发光管还能能显示目标器件的8位输出信号。

（5）结构图NO.4：适合于设计移位寄存器、环形计数器等。电路特点是，当在所设计的逻辑中有串行2进制数从PIO10输出时，若利用键7作为串行输出时钟信号，则PIO10的串行输出数码可以在发光管D8～D1上逐位显示出来，这能很直观地看到串出的数值。

（6）结构图NO.5：8键输入高低电平功能，目标芯片的PIO19～PIO44共8组4位二进制码输出，经外部的7段译码器可显示于实验系统上的8个数码管。

（7）结构图NO.6：此电路与NO.2相似，但增加了两个4位二进制数发生器，数值分别输入目标芯片的PIO7～PIO4和PIO3～PIO0。例如，当按键2时，输入PIO7～PIO4的数值将显示于对应的数码管2，以便了解输入的数值。

（8）结构图NO.7：此电路适合于设计时钟、定时器、秒表等。因为可利用键8和键5分别控制时钟的清零和设置时间的使能；利用键7、5和1进行时、分、秒的设置。

（9）结构图NO.8：此电路适用于做并进/串出或串进/并出等工作方式的寄存器、序列检测器、密码锁等逻辑设计。它的特点是利用键2、键1能序置8位2进制数，而键6能发出串行输入脉冲，每按键一次，即发一个单脉冲，则此8位序置数的高位在前，向PIO10串行输入一位，同时能从D8至D1的发光管上看到串形左移的数据，十分形象直观。

（10）结构图NO.9：若要验证交通灯控制等类似的逻辑电路，可选此电路结构。

（11）结构图NO.5A：此电路即为NO.5，可用于完成A/D转换方面的实验。

（12）结构图NO.5B：此电路可用于单片机接口逻辑方面的设计，以及PS/2键盘接口方面的逻辑设计（平时不要把单片机接上，以防口线冲突）。

（13）结构图NO.5C：可用于D/A转换接口实验和比较器LM311的控制实验。

（14）结构图NO.5D：可用于串行A/D、D/A及EEPROM的接口实验。在系统板上，图中所列的6类器件只提供了对应的接口座，用户可根据具体使用的需要，自行购买插入，但必须注意：这6种器件及系统板上的0809在与目标FPGA/CPLD的接口上有复用，因此不能将他们同时都插在系统板上，应根据需要和接线情况分别插上需要的A/D和D/A芯片对，详细情况可参阅结构图NO.5A和NO.5D。

（15）当系统上的"模式指示"数码管显示"A"时，系统将变成一台频率计，数码管8将显示"F"，"数码6"～"数码1"显示频率值，最低位单位是Hz。测频输入端为系统板右下侧的插座。

图4-6～图4-20列出了GW-48实验箱的不同电路模式图。

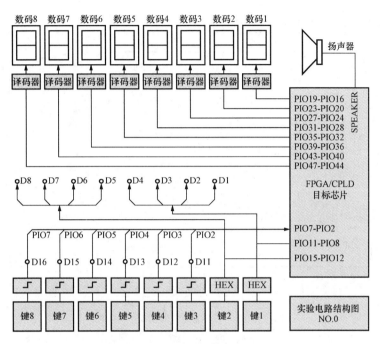

图 4-6 实验电路结构图 NO.0

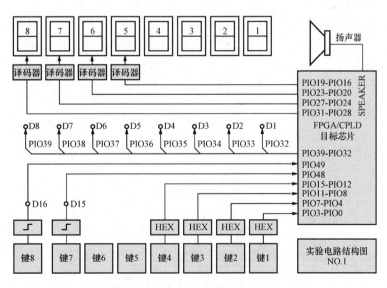

图 4-7 实验电路结构图 NO.1

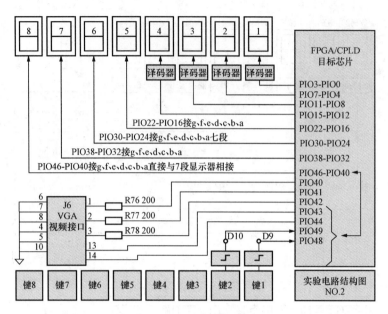

图 4-8　实验电路结构图 NO.2

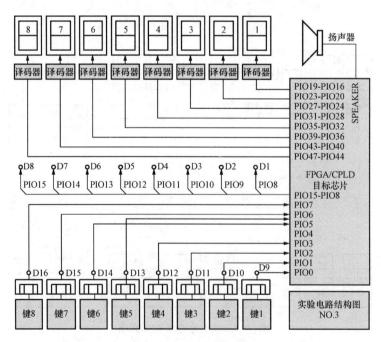

图 4-9　实验电路结构图 NO.3

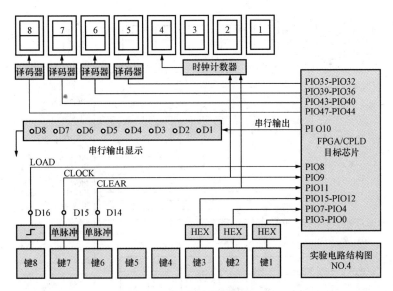

图 4 - 10　实验电路结构图 NO. 4

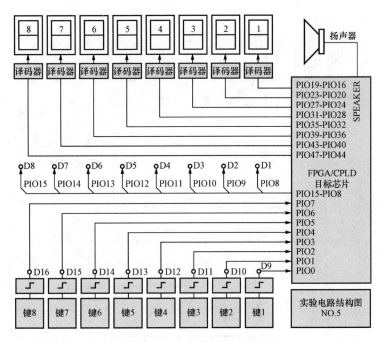

图 4 - 11　实验电路结构图 NO. 5

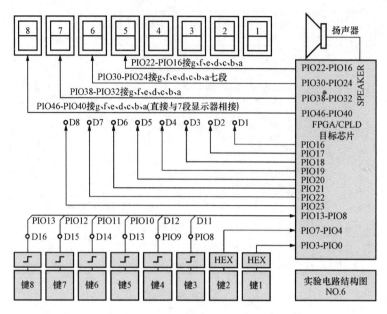

图 4-12 实验电路结构图 NO.6

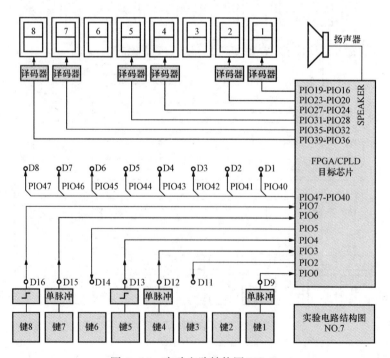

图 4-13 实验电路结构图 NO.7

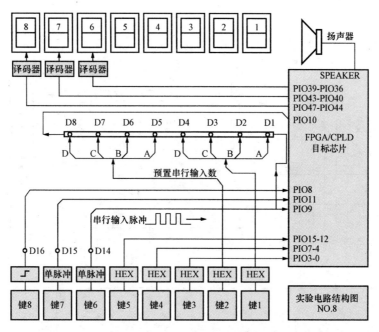

图 4-14   实验电路结构图 NO.8

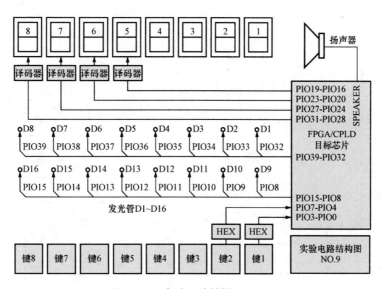

图 4-15   实验电路结构图 NO.9

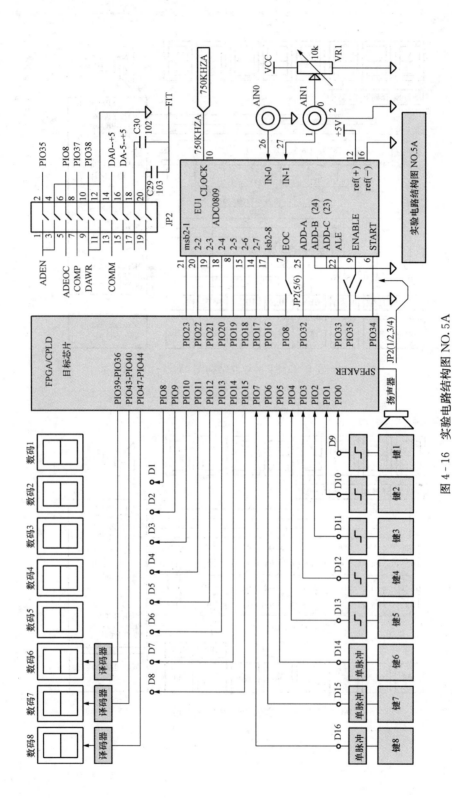

图 4 - 16　实验电路结构图 NO. 5A

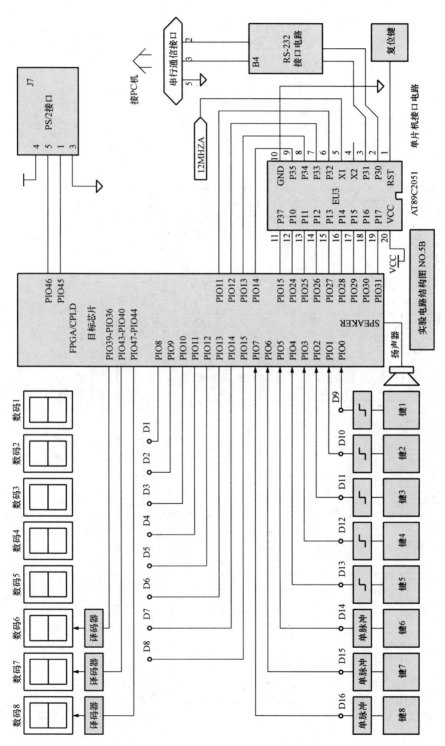

图 4 - 17 实验电路结构图 NO. 5B

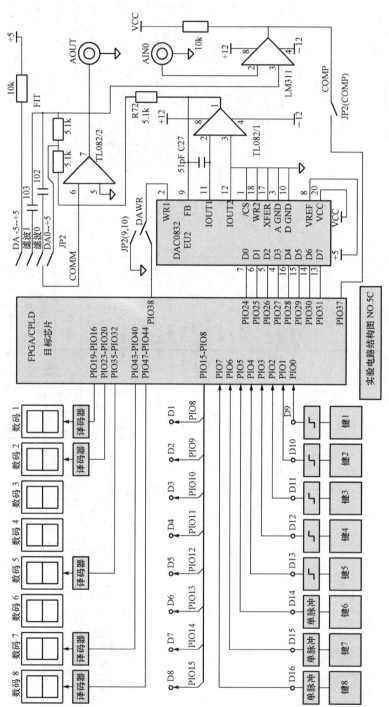

图 4 - 18　实验电路结构图 NO. 5C

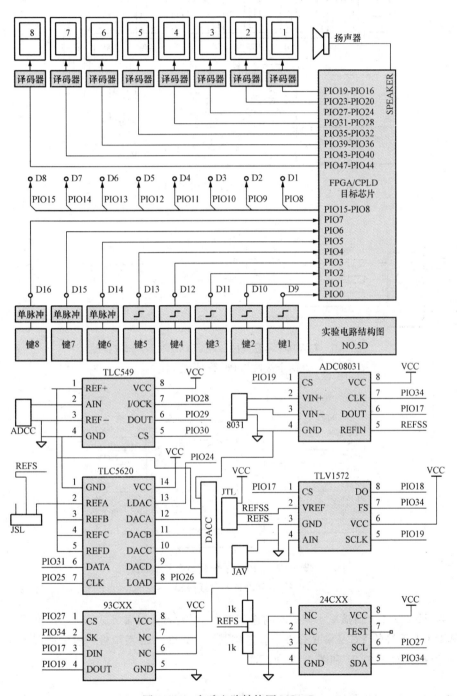

图4-19 实验电路结构图 NO.5D

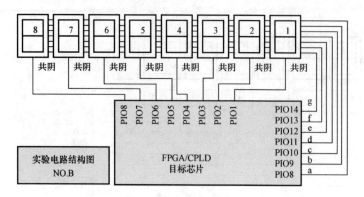

图 4 - 20　实验电路结构图 NO. B

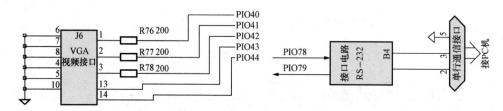

图 4 - 21　GW48-CK 系统的 VGA 和 RS232 引脚连接图
（此两个接口与 PK 系列引脚不同）

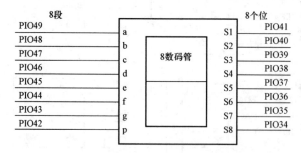

图 4 - 22　GW48-PK2 系统板扫描显示模式时
8 个数码管 I/O 连接图

　　GW48-PK2/3/4 上扫描显示模式时的连接方式：8 数码管扫描式显示，输入信号高电平有效。GW48-CK 系统的 VGA 和 RS232 引脚连接图及 GW48-PK2 系统板扫描显示模式时 8 个数码管 I/O 连接图如图 4 - 21 和图 4 - 22 所示。

4.3　GW48-PK 系统结构图信号名与芯片引脚对照表

　　根据电路模式图获得外部资源与目标芯片连接对应的 PIO 编号后，即可根据实验箱型号查表 4 - 3 对应目标芯片的引脚号。

表 4-3   **EP1C3T144C8 主芯片引脚对应表**

名称	引脚号	名称	引脚号	名称	引脚号	名称	引脚号
PIO0	1	PIO19	42	PIO38	83	PIO67	142
PIO1	2	PIO20	47	PIO39	84	PIO68	122
PIO2	3	PIO21	48	PIO40	85	PIO69	121
PIO3	4	PIO22	49	PIO41	96	PIO70	120
PIO4	5	PIO23	50	PIO42	97	PIO71	119
PIO5	6	PIO24	51	PIO43	98	PIO72	114
PIO6	7	PIO25	52	PIO44	99	PIO73	113
PIO7	10	PIO26	67	PIO45	103	PIO74	112
PIO8	11	PIO27	68	PIO46	105	PIO75	111
PIO9	32	PIO28	69	PIO47	106	PIO76	143
PIO10	33	PIO29	70	PIO48	107	PIO77	144
PIO11	34	PIO30	71	PIO49	108	PIO78	110
PIO12	35	PIO31	72	PIO60	131	PIO79	109
PIO13	36	PIO32	73	PIO61	132	SPEAKER	129
PIO14	37	PIO33	74	PIO62	133	CLOCK0	93
PIO15	38	PIO34	75	PIO63	134	CLOCK2	17
PIO16	39	PIO35	76	PIO64	139	CLOCK5	16
PIO17	40	PIO36	77	PIO65	140	CLOCK9	92
PIO18	41	PIO37	78	PIO66	141		

针对不同型号的实验系统，万能接插口与结构图信号/与芯片引脚对应关系见表 4-4。

表 4-4   **GW48CK/PK2/PK3/PK4 系统万能接插口与结构图信号/与芯片引脚对应关系**

结构图上的信号名	GWAC6 EP1C6/12Q240 Cyclone	GWAC3 EP1C3-TC144 Cyclone	GWA2C5 EP2C5-TC144 Cyclone II	GWA2C8 EP2C8-QC208 Cyclone II	GW2C35 EP2C35-FBGA484C8 Cyclone II	WAK30/50 EP1K30/50TQC144 ACEX	GW3C40 EP3C40-Q240C8N Cyclone III	GWXS200 XC3S200 SPARTAN
	引脚号	引脚号	引脚号	引脚号	引脚号	引脚号	引脚号	引脚号
PIO0	233	1	143	8	AB15	8	18	21
PIO1	234	2	144	10	AB14	9	21	22
PIO2	235	3	3	11	AB13	10	22	24
PIO3	236	4	4	12	AB12	12	37	26
PIO4	237	5	7	13	AA20	13	38	27
PIO5	238	6	8	14	AA19	17	39	28
PIO6	239	7	9	15	AA18	18	41	29

续表

结构图上的信号名	GWAC6 EP1C6/ 12Q240 Cyclone	GWAC3 EP1C3- TC144 Cyclone	GWA2C5 EP2C5- TC144 Cyclone II	GWA2C8 EP2C8- QC208 Cyclone II	GW2C35 EP2C35- FBGA484C8 Cyclone II	WAK30/50 EP1K30/ 50TQC144 ACEX	GW3C40 EP3C40- Q240C8N Cyclone III	GWXS200 XC3S200 SPARTAN
	引脚号	引脚号	引脚号	引脚号	引脚号	引脚号	引脚号	引脚号
PIO7	240	10	24	30	L19	19	43	31
PIO8	1	11	25	31	J14	20	44	33
PIO9	2	32	26	33	H15	21	45	34
PIO10	3	33	27	34	H14	22	46	15
PIO11	4	34	28	35	G16	23	49	16
PIO12	6	35	30	37	F15	26	50	35
PIO13	7	36	31	39	F14	27	51	36
PIO14	8	37	32	40	F13	28	52	37
PIO15	12	38	40	41	L18	29	55	39
PIO16	13	39	41	43	L17	30	56	40
PIO17	14	40	42	44	K22	31	57	42
PIO18	15	41	43	45	K21	32	63	43
PIO19	16	42	44	46	K18	33	68	44
PIO20	17	47	45	47	K17	36	69	45
PIO21	18	48	47	48	J22	37	70	46
PIO22	19	49	48	56	J21	38	73	48
PIO23	20	50	51	57	J20	39	76	50
PIO24	21	51	52	58	J19	41	78	51
PIO25	41	52	53	59	J18	42	80	52
PIO26	128	67	67	92	E11	65	112	113
PIO27	132	68	69	94	E9	67	113	114
PIO28	133	69	70	95	E8	68	114	115
PIO29	134	70	71	96	E7	69	117	116
PIO30	135	71	72	97	D11	70	118	117
PIO31	136	72	73	99	D9	72	126	119
PIO32	137	73	74	101	D8	73	127	120
PIO33	138	74	75	102	D7	78	128	122
PIO34	139	75	76	103	C9	79	131	123
PIO35	140	76	79	104	H7	80	132	123
PIO36	141	77	80	105	Y7	81	133	125

续表

结构图上的信号名	GWAC6 EP1C6/ 12Q240 Cyclone	GWAC3 EP1C3- TC144 Cyclone	GWA2C5 EP2C5- TC144 Cyclone II	GWA2C8 EP2C8- QC208 Cyclone II	GW2C35 EP2C35- FBGA484C8 Cyclone II	WAK30/50 EP1K30/ 50TQC144 ACEX	GW3C40 EP3C40- Q240C8N Cyclone III	GWXS200 XC3S200 SPARTAN
	引脚号	引脚号	引脚号	引脚号	引脚号	引脚号	引脚号	引脚号
PIO37	158	78	81	106	Y13	82	134	126
PIO38	159	83	86	107	U20	83	135	128
PIO39	160	84	87	108	K20	86	137	130
PIO40	161	85	92	110	C13	87	139	131
PIO41	162	96	93	112	C7	88	142	132
PIO42	163	97	94	113	H3	89	143	133
PIO43	164	98	96	114	U3	90	144	135
PIO44	165	99	97	115	P3	91	145	137
PIO45	166	103	99	116	F4	92	146	138
PIO46	167	105	100	117	C10	95	159	139
PIO47	168	106	101	118	C16	96	160	140
PIO48	169	107	103	127	G20	97	161	141
PIO49	173	108	104	128	R20	98	162	143
PIO60	226	131	129	201	AB16	137	226	2
PIO61	225	132	132	203	AB17	138	230	3
PIO62	224	133	133	205	AB18	140	231	4
PIO63	223	134	134	206	AB19	141	232	5
PIO64	222	139	135	207	AB20	142	235	7
PIO65	219	140	136	208	AB7	143	236	9
PIO66	218	141	137	3	AB8	144	239	10
PIO67	217	142	139	4	AB11	7	240	11
PIO68	180	122	126	145	A10	119	186	161
PIO69	181	121	125	144	A9	118	185	156
PIO70	182	120	122	143	A8	117	184	155
PIO71	183	119	121	142	A7	116	183	154
PIO72	184	114	120	141	A6	114	177	152
PIO73	185	113	119	139	A5	113	176	150
PIO74	186	112	118	138	A4	112	173	149
PIO75	187	111	115	137	A3	111	171	148
PIO76	216	143	141	5	AB9	11	6	12

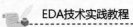

续表

结构图上的信号名	GWAC6 EP1C6/ 12Q240 Cyclone	GWAC3 EP1C3- TC144 Cyclone	GWA2C5 EP2C5- TC144 Cyclone Ⅱ	GWA2C8 EP2C8- QC208 Cyclone Ⅱ	GW2C35 EP2C35- FBGA484C8 Cyclone Ⅱ	WAK30/50 EP1K30/ 50TQC144 ACEX	GW3C40 EP3C40- Q240C8N Cyclone Ⅲ	GWXS200 XC3S200 SPARTAN
	引脚号	引脚号	引脚号	引脚号	引脚号	引脚号	引脚号	引脚号
PIO77	215	144	142	6	AB10	14	9	13
PIO78	188	110	114	135	B5	110	169	147
PIO79	195	109	113	134	Y10	109	166	146
SPEAKER	174	129	112	133	Y16	99	164	144
CLOCK0	28	93	91 (CLK4)	23	L1	126	152	184
CLOCK2	153	17	89 (CLK6)	132	M1	54	149	203
CLOCK5	152	16	17 (CLK0)	131	M22	56	150	204
CLOCK9	29	92	90 (CLK5)	130	B12	124	151	205

第 5 章

RC-EDA实验开发系统简介

RC-EDA 系列实验箱主要是为可编程逻辑器件 CPLD/FPGA 和数字电路、现代电子学等相关课程的实验教学而开发设计的。RC-EDA 系列实验系统不仅适合于高校相关电子课程的实验教学、课程设计、毕业设计和大学生电子设计竞赛等，同时也是从事教学及科研的广大教师和电子工程师的理想开发工具。RC-EDA 系列实验系统功能齐全，可选型号比较多，其中 EDA-Ⅱ、EDA-Ⅲ型均为数字电路设计实验开发系统，EDA-Ⅳ型为数/模混合可编程器件实验开发系统。这些系列设备均能不同程度地满足高校的现代电子技术 EDA 教学和数字电路及其他相关实验课程的要求。由于可编程器件的设计灵活性，其丰富的功能单元和全开放式设计，完全可以使学生做出超过大纲要求的具有复杂性和创造性的综合实验及复杂的数字系统设计。

系统丰富的外围扩展模块及灵活的主芯片配置，使它可以完成几乎所有的数字电路的实验及设计：从简单的逻辑门到时序电路、状态机的设计，再到存储器的设计，各种总线控制器（如 UART、I2C、SCI 等），存储器控制器（如 SDRAM 等）的设计，以及 CPU 的设计等。

下面介绍实验系统的硬件组成及资源。

1. 系统硬件组成

RC-EDA 系列实验箱由 EDA 编程下载电缆＋实验箱＋可编程器件适配器下载板组成，其中下载电缆为通用并口电缆，下载适配器型号众多，学校可自由选择，标准配置只含一块 5000 门等级的 CPLD 或 10000 门等级的 FPGA 器件。

2. 实验系统资源介绍

实验系统（以 RC-EDA-Ⅳ型为例）主要由以下模块组成。

(1) 电源输出模块（±12V、±5V、＋3.3V、＋2.5V、＋1.8V）。

(2) VGA 接口模块。

(3) EPP 并行接口模块。

(4) PS2 接口模块。

(5) RS232 扩展模块。

(6) 单片机及 RS232 接口模块。

(7) ispPAC 适配器接口模块。

(8) CPLD/FPGA 适配器接口模块。

(9) 12 位按键输入模块。

(10) 18 位拨码开关输入模块。

(11) 16×16 点阵模块。

(12) 128×32 字符图形液晶显示模块。

(13) 4 位米字型数码管显示模块。

(14) 8 位 8 字型数码管显示模块。

(15) 蜂鸣器输出模块。

(16) 直流电平调节模块。

(17) 模拟信号源模块。

(18) 传声器输入模块。

(19) 语音输出模块。

(20) 电阻电容扩展模块。

(21) 面包板扩展模块。

(22) 并行 8 通道 8 位 A/D 转换模块。

(23) 串行 A/D 转换模块。

(24) 并行 D/A 转换模块。

(25) 串行 D/A 转换模块。

(26) 并行 E2PROM 模块。

(27) 串行 E2PROM 模块。

(28) SRAM 模块。

(29) 可调数字时钟源模块（1～16.67MHz）。

(30) 可调（高频）数字时钟源模块（25～100MHz）。

3. 各模块详细说明

(1) 4 位米字型数码管显示模块。数码管为共阴数码管。本模块的输入口共有 21 个，包括 17 个段信号输入口和 4 个位信号输入口，分别为 A1、A2、B、C、D1、D2、E、F、G、H、J、K、M、N、O、P、DP、SEL0、SEL1、SEL2、SEL3。其中 SEL0 对应最左端的数码管，SEL3 对应最右端的数码管。数码管的管脚分配如图 5-1 所示。

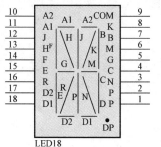

图 5-1 数码管的管脚分配

(2) 8 位 8 字型数码管显示模块。8 位 8 字型数码管显示模块电路原理图如图 5-2 所示。数码管采用共阴数码管。本模块的输入口共有 21 个，包括 11 个段信号输入口和 3 个位信号输入口，分别为 A、B、C、D、E、F、G、DP、SEL0、SEL1、SEL2。其中，SEL0、SEL1、SEL2 位于 16×16 点阵模块区，它们经 3～8 译码器后送给数码管作位选信号，其对应关系见表 5-1（注：最右边为第一位）。

表 5-1   LED 数码管显示接口及对应的显示状态

接 口 序 号			数码管状态
SEL2	SEL1	SEL0	
1	1	1	第 1 位亮
1	1	0	第 2 位亮

续表

接 口 序 号			数码管状态
SEL2	SEL1	SEL0	
1	0	1	第 3 位亮
1	0	0	第 4 位亮
0	1	1	第 5 位亮
0	1	0	第 6 位亮
0	0	1	第 7 位亮
0	0	0	第 8 位亮

(3) LED16×16 点阵模块。LED 点阵模块由行选信号和列选信号共同控制。列选信号为 SEL0～SEL3 经 4～16 译码器后送给点阵 LED，最右边为第一列；行选信号为 L0～L15，最上方为第一行。模块电路原理图如图 5-2 所示，点阵显示接口对应关系见表 5-2。

表 5-2 点阵显示接口对应关系

SEL3	SEL2	SEL1	SEL0	点亮列号
1	1	1	1	第 1 列
1	1	1	0	第 2 列
1	1	0	1	第 3 列
1	1	0	0	第 4 列
1	0	1	1	第 5 列
1	0	1	0	第 6 列
1	0	0	1	第 7 列
1	0	0	0	第 8 列
0	1	1	1	第 9 列
0	1	1	0	第 10 列
0	1	0	1	第 11 列
0	1	0	0	第 12 列
0	0	1	1	第 13 列
0	0	1	0	第 14 列
0	0	0	1	第 15 列
0	0	0	0	第 16 列

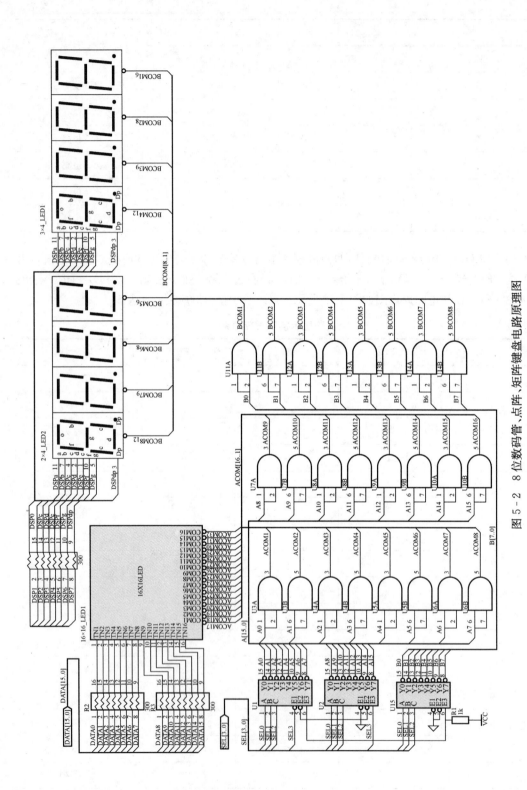

图 5-2 8位数码管、点阵、矩阵键盘电路原理图

(4) 128×32 液晶显示模块：具体介绍见《中文液晶显示模块说明》。

(5) ispPAC 适配器接口：下载该芯片时将芯片选择开关拨向 PAC。

(6) CPLD/FPGA 适配器接口：下载该芯片时将芯片选择开关拨向 CPLD。

(7) 12 位按键输入模块：开关弹起时为高电平，按下时为低电平。

(8) 18 位拨码开关输入模块：开关拨向下方时为低电平，拨向上方时为高电平。

(9) 蜂鸣器输出模块：当输入口 BELL_IN 输入高电平时，蜂鸣器响。

(10) 电平调节模块：调节时，输出口 OUT 的电平在 0～5V 内变化。

(11) 模拟信号源模块：输出频率由数字信号源控制。模块中第一排端口为输入口，第二排端口为输出口，分别说明如下。

Diff IN：需差分转换信号输入口。

Mux IN1：需叠加信号 1 输入口。

Mux IN2：需叠加信号 2 输入口。

Diff OUT+：差分信号正极性输出端口，为 Diff IN 差分后的信号。

Diff OUT-：差分信号负极性输出端口，为 Diff IN 差分后的信号。

Mux OUT：叠加信号输出端口，为 Mux IN1 与 Mux IN2 相加后的信号。

SIN_OUT 312kHz：正弦信号 SIN_OUT 输出端口。

(12) 话筒输入模块：通过外接传声器把语音信号输入经放大滤波后从 MIC_OUT 输出。

(13) 语音输出模块：语音信号从 SPEAK IN 端口输入，经放大后直接由内部扬声器输出。

(14) 电阻电容扩展模块：准备了一些实验常用的电阻电容供实验过程中使用。

(15) 自由扩展区：可做自开发实验电路的搭建使用，由一块面包板组成。

(16) 8 路并行 A/D 转换模块：采用 ADC0809，外部信号可以分别通过其 8 路输入端 IN0～IN7 进入 A/D 转换器。通过适当设计，目标芯片可以完成对 ADC0809 的工作方式确定、输入端口选择、数据采集与处理等所有控制工作，并可以通过系统板提供的译码显示电路 (LED&LCD) 将测得的结果显示出来。A/D 转换原理图如图 5-3 所示，I/O 口如下。

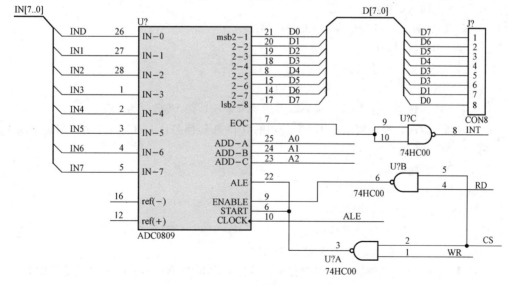

图 5-3　A/D 转换原理图

IN0～IN7：8通道模拟信号输入口。

D0～D7：8位数据总线输出端口。

Vref＋、Vref－：参考电压输入端口。

INT：中断信号输出端口。

/WR：写信号输入端口。

/RD：读信号输入端口。

CS：片选信号输入端口。

A0～A2：输入端口选择信号输入口。

(17) 并行 D/A 转换模块：8位 D/A，I/O 口定义如下。

D0～D7：数据总线，输入口。

/CE：转换允许，低电平有效。

/CS：片选，低电平有效。

D/A OUT：D/A 直接输出口。当跳线接左边时，D/A 输出的信号直接从该口输出；当跳线接右边时，D/A 输出的信号经运放后输出。D/A 转换电路原理图如图 5-4 所示。

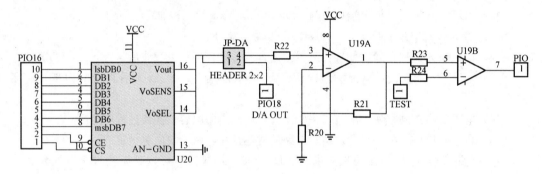

图 5-4　D/A 转换电路原理图

(18) 串行 A/D 转换模块：采用 TI 的 TLC549 芯片，I/O 口定义如下。

/EN：片选输入，低电平有效。

SCLK：时钟输入，最高允许输入时钟 1MHz。

DOUT：串行数据输出。

A_IN＋：模拟信号输入。

VREF_IN：参考电压输入，最大为 VCC。

J2：参考电压选择，接 VREF 时为输入的参考电压，接 VCC 时为 5V。

(19) 串行 D/A 转换模块：采用 LT 公司的双 D/A 转换芯片 LTC1446，I/O 口定义如下。

SCLK：时钟输入。

DIN：串行数据输入。

/CS：片选输入，低电平有效。

VOUTA：第一 D/A 转换器输出。

VOUTB：第二 D/A 转换器输出。

VOUTC：第一、第二 D/A 转换器相加后输出。

(20) 串行 E2PROM 模块：采用的芯片为串行 E2PROM AT93C46，I/O 口定义如下。

CS：片选输入，高电平有效。

CLK：串行数据时钟输入。

DI：串行数据输入。

DO：串行数据输出。

ORG：存储器位数选择输入：输入高电平时，选择为 16 位结构的存储器；输入为低电平时，选择为 8 位结构的存储器；未连接时，由于内部的上拉电阻，使其为 16 位存储器。

(21) RS232 扩展模块：采用的芯片为 MAX232 标准串行口接口片，通过 CPLD/FPGA 实现串口控制，可直接实现 CPLD/FPGA 与上位机的通信。

(22) SRAM 模块：采用芯片 6264，I/O 口见板上标识。

(23) EPROM 模块：采用 28C64 并行 E2PROM，I/O 口见板上标识。

(24) 单片机及 RS232 接口模块。本单片机为开放性设计，可自由下载程序，对整个系统无任何影响。可以实现 CPLD/FPGA 与单片机的接口实验，以及高级的 FPGA 开发，同时自身带有串行接口，可与上位机实现通信。其对应的接口如下。

P0 口：D0～D7。

P1 口：P10～P17。

P2 口：P20～P27。

复位信号输出：RESET。

P3 口分别对应：/RD、/WR、RXD、TXD、T0、T1、INT0、INT1。

其他接口：ALE、PSEN。

RESET 复位端口提供一高电平脉冲。

(25) VGA 接口模块：I/O 口定义如下。

R：红色信号输入口。

G：绿色信号输入口。

B：蓝色信号输入口。

V_SYNC：场同步信号输入口。

H_SYNC：行同步信号输入口。

(26) EPP 并行接口模块：I/O 口见板上标识。

(27) PS2 接口模块：I/O 口见板上标识。

(28) 可调低频数字信号源：时钟信号源可产生 1Hz～16.7MHz 之间的任意频率。

该电路采用全数字化设计，提供的最高方波频率为 20MHz，最低频率为 1.2Hz，并且频率可以在这个范围内随意组合变化。整个信号源共有 6 个输出口（CLK0～CLK5），每个输出口输出的频率各不相同，通过 JP1～JP11 这 11 组跳线来完成设置，其中：

CLK0 输出口的频率通过 JP9（CLK0）来设置，这样输出的时钟频率为 F×JP9＝16.7MHz×JP9。

CLK1 输出口的频率通过 JP10 及 JP4 来设置，输出频率对应的关系为
$$FCLK1=16.7MHz×JP10×JP4$$

CLK2 输出口的频率通过 JP10、JP5 及 JP11 来设置，输出频率对应的关系为
$$FCLK2=16.7MHz×JP10×JP11×JP5$$

CLK3 输出口的频率通过 JP10、JP11、JP12 及 JP6 来设置，输出频率对应的关系为
$$FCLK3=16.7MHz×IP10×JP11×JP12×JP6$$

CLK4 输出口的频率通过 JP10、JP11、JP12、JP13 及 JP7 来设置，输出频率对应的关

系为

$$FCLK4 = 16.7MHz \times IP10 \times JP11 \times JP12 \times JP13 \times JP7$$

CLK5 输出口的频率通过 JP10、JP11、JP12、JP13、JP14 及 JP8 来设置，输出频率对应的关系为

$$FCLK5 = 16.7MHz \times IP10 \times JP11 \times JP12 \times JP13 \times JP14 \times JP8$$

（29）高频数字时钟信号源：输出频率为 100MHz、50MHz、25MHz。

实验与课程设计 篇

- 基础实验

- 课程设计

第 6 章

基 础 实 验

6.1 实验操作注意事项

（1）每次实验结束时均需填写实验记录簿。

（2）实验开始前，应先检查本组的设备是否齐全完备，了解实验箱电路结构、使用方法及接线要求。

（3）实验时每组同学应分工协作，轮流操作、接线、记录数据等，使每位同学都受到全面训练。

（4）引脚指定后，对于需要接线的实验箱，务必断电接线。完成实验系统接线后，必须进行复查，确定无误后，方可通电进行实验。

（5）实验中严格遵循操作规程，改接线路和拆线一定要在断电的情况下进行，绝对不允许带电操作。如发现异常声音、气味或其他事故情况，应立即切断电源，报告指导教师检查处理。

（6）测量数据或观察现象要认真细致，实事求是。使用仪器仪表要符合操作规程，切勿乱调旋钮、挡位。注意仪表的正确读数。

（7）程序无法下载时，请检查电脑与实验箱间的连接线是否插接紧密，检查 Quartus Ⅱ 中硬件添加的下载器类型是否正确。

（8）未经许可，不得动用其他组的仪器设备或工具等物。

（9）实验结束后，请指导教师查看实验结果并确认无误后，方可断电拆除线路。最后，应清理实验桌面，清点仪器设备。

（10）爱护公物，发生仪器设备等损坏事故时，应及时报告指导教师，按有关实验管理规定处理。

（11）自觉遵守学校和实验室管理的其他有关规定。

6.2 实验总结与实验报告要求

每次实验后，应对实验进行总结，即对实验数据进行整理，绘制波形和图表，分析实验现象，撰写实验报告。实验报告除写明实验名称、日期、实验者姓名、同组实验者姓名外，还包括以下内容。

（1）实验目的。

（2）实验仪器、设备、电子元器件（名称、型号）。

（3）实验原理。

（4）实验主要程序及原理图。

（5）实验记录（RTL 电路、仿真波形、实验现象）。

（6）实验总结（将实验出现的错误、警告及不正确的实验结果等进行分析，说明改正方法）。

（7）回答每项实验的有关问题。

6.3 基础实验项目

实验1 仪器的熟悉及简单组合电路的设计

一、实验目的

熟悉 Quartus Ⅱ 的文本输入设计流程全过程，掌握简单组合电路的设计、仿真和硬件测试流程。

二、实验内容

（1）熟悉实验箱，了解本次实验所用外围资源。

（2）参考第1章的 Quartus Ⅱ 设计流程介绍，用 VHDL 设计二选一多路选择器，并给出程序设计、软件编译、仿真分析、硬件测试及详细实验过程。给出如图 6-1 所示的仿真波形。

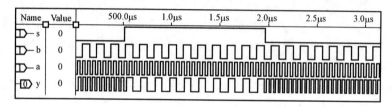

图 6-1　二选一多路选择器仿真波形图

三、实验报告

根据以上的实验内容写出实验报告，包括程序设计、软件编译、仿真分析和详细实验过程；给出程序分析报告、仿真波形图及其分析报告。

实验2 4位硬件加法器 VHDL 设计

一、实验目的

熟悉 Quartus Ⅱ 的 VHDL 文本设计流程全过程，熟悉例化语句的语法结构，掌握组合电路的 VHDL 设计。

二、实验内容1

设计一个两个4位二进制数相加的硬件加法器电路，要求如下。

先设计半加器、或门电路，再使用例化语句设计全加器。再利用全加器，通过例化语句，完成四位加法器的设计。利用此项设计的仿真波形，测试加法器的延时，利用实验电路验证此加法器的功能，并写出实验报告。

三、实验内容 2

设计三选一的多路选择器。将多路选择器看作一个元件 mux21a，利用元件例化语句并将此文件放在同一目录。

【例 6 - 1】

```
LIBRARY IEEE;
USE IEEE. STD_LOGIC_1164. ALL;
ENTITY MUXK IS
    PORT (a1, a2, a3, s0, s1  :IN STD_LOGIC;
                    outy   :OUT STD_LOGIC );
END ENTITY MUXK;
ARCHITECTURE BHV OF MUXK IS
    COMPONENT MUX21A
        PORT (   a, b, s:  IN   STD_LOGIC;
                   y:   OUT STD_LOGIC);
    END COMPONENT ;
    SIGNAL tmp  :  STD_LOGIC;
BEGIN
    u1:MUX21A PORT MAP(a = >a2, b = >a3, s = >s0, y = >tmp);
    u2:MUX21A PORT MAP(a = >a1, b = >tmp, s = >s1, y = >outy);
END ARCHITECTURE BHV ;
```

对 ［例 6 - 1］ 进行编译、综合、仿真。并对其仿真波形作出分析说明，画出电路结构，说明该电路的功能。

实验 3　触 发 器 的 设 计

一、实验目的

熟悉 Quartus Ⅱ 的 VHDL 文本设计流程全过程，学习简单时序电路的设计、仿真和硬件测试。

二、实验内容 1

设计上升沿 D 触发器和电平触发器，给出程序设计、软件编译、仿真分析、硬件测试及详细实验过程。

三、实验内容 2

使用 ［例 6 - 2］ 所示的主题描述，完成锁存器设计，并通过仿真对比两种触发器的区别。

【例 6 - 2】

...

PROCESS (CLK, D) BEGIN

```
    IF   CLK = '1'              --电平触发型寄存器
    THEN   Q <= D;
    END IF;
END PROCESS ;
```

四、实验报告

分析比较实验内容 1 和实验内容 2 的仿真和实测结果，说明这两种电路的异同点，给出实验报告。

实验 4　含异步清零和同步时钟使能的 4 位加法计数器

一、实验目的

学习时序电路的设计、仿真和硬件测试，进一步熟悉 VHDL 设计技术。

二、实验原理

图 6-2 是一含计数使能、异步复位和计数值并行预置功能 4 位加法计数器，列出其 VHDL 描述。由图 6-2 所示，图中间是 4 位锁存器；rst 是异步清信号，高电平有效；clk 是锁存信号；D[3..0] 是 4 位数据输入端。当 ENA 为 '1' 时，多路选择器将加 1 器的输出值加载于锁存器的数据端；当 ENA 为 '0' 时将 "0000" 加载于锁存器。

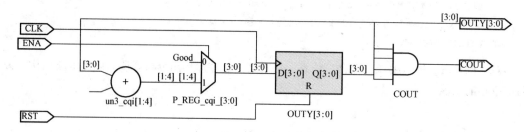

图 6-2　含计数使能、异步复位和计数值并行预置功能 4 位加法计数器

三、实验内容

（1）在 QuartusⅡ上对计数器设计程序进行编辑、编译、综合、适配、仿真。说明例中各语句的作用，详细描述示例的功能特点，给出其所有信号的时序仿真波形。

（2）引脚锁定及硬件下载测试，选择电路结构图 NO.5。引脚锁定后进行编译、下载和硬件测试实验。将实验过程和实验结果写进实验报告。

（3）使用 SignalTap Ⅱ对此计数器进行实时测试，流程与要求参考 2.3 节。

实验 5　7 段数码显示译码器设计

一、实验目的

学习 7 段数码显示译码器设计；学习原理图设计方法和多层次设计方法。

二、实验原理

7 段数码是纯组合电路，通常的小规模专用 IC，如 74 或 4000 系列的器件只能做十进制 BCD 码译码，然而数字系统中的数据处理和运算都是二进制的，所以输出表达都是十六进制的，为了满足十六进制数的译码显示，最方便的方法就是利用 VHDL 译码程序在 FPGA 或 CPLD 中实现。本项实验很容易实现这一目的。[例 6 - 3] 作为 7 段 BCD 码译码器的设计，输出信号 LED7S 的 7 位分别接如图 6 - 3 所示数码管的 7 个段，高位在左，低位在右。例如，当 LED7S 输出为 "1101101" 时，数码管的 7 个段 g、f、e、d、c、b、a 分别接 1、1、0、1、1、0、1，接有高电平的段发亮，于是数码管显示 "5"。

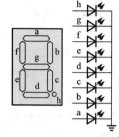

图 6 - 3 共阴极 7 段数码管

三、实验内容

（1）在 QUARTUS Ⅱ 上对 [例 6 - 3] 进行编辑、编译、综合、适配、仿真，给出其所有信号的时序仿真波形（提示：用输入总线的方式给出输入信号仿真数据）。

（2）引脚锁定及硬件下载测试，硬件验证译码器的工作性能。

【例 6 - 3】 7 段数码管译码器设计

```
LIBRARY IEEE ;
USE IEEE. STD_LOGIC_1164. ALL ;
ENTITY DECL7S IS
  PORT ( A  : IN  STD_LOGIC_VECTOR(3 DOWNTO 0);
       LED7S: OUT STD_LOGIC_VECTOR(6 DOWNTO 0));
END ;
ARCHITECTURE one OF DECL7S IS
BEGIN
  PROCESS( A )
  BEGIN
  CASE  A  IS
    WHEN "0000" => LED7S <= "0111111" ;
    WHEN "0001" => LED7S <= "0000110" ;
    WHEN "0010" => LED7S <= "1011011" ;
    WHEN "0011" => LED7S <= "1001111" ;
    WHEN "0100" => LED7S <= "1100110" ;
    WHEN "0101" => LED7S <= "1101101" ;
    WHEN "0110" => LED7S <= "1111101" ;
    WHEN "0111" => LED7S <= "0000111" ;
    WHEN "1000" => LED7S <= "1111111" ;
    WHEN "1001" => LED7S <= "1101111" ;
    WHEN "1010" => LED7S <= "1110111" ;
    WHEN "1011" => LED7S <= "1111100" ;
    WHEN "1100" => LED7S <= "0111001" ;
```

```
    WHEN "1101" => LED7S <= "1011110" ;
    WHEN "1110" => LED7S <= "1111001" ;
    WHEN "1111" => LED7S <= "1110001" ;
    WHEN OTHERS => NULL ;
    END CASE ;
  END PROCESS ;
END ;
```

四、附加实验内容

用 VHDL 例化语句，按图 6-4 的方式，以［例 6-3］和实验 5 的计数器元件为底层元件，完成顶层文件设计，并重复以上实验过程。注意图 6-4 中的 tmp 是 4 位总线，led 是 7 位总线。对于引脚锁定和实验，建议仍选实验电路模式 6，用数码 8 显示译码输出，用键 3 作为时钟输入（每按两次键为 1 个时钟脉冲），或直接时钟信号 clock0。

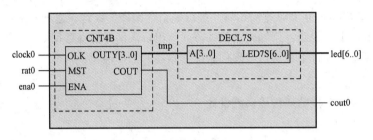

图 6-4　计数器和译码器连接电路的顶层文件原理图

五、实验报告

根据以上的实验内容写出实验报告，包括程序设计、软件编译、仿真分析、硬件测试和详细实验过程；设计原程序，程序分析报告、仿真波形图及其分析报告。

实验 6　组合逻辑电路设计

一、实验目的

1. 通过一个 简单的 3-8 译码器的设计，让学生掌握组合逻辑电路的设计方法。

2. 掌握组合逻辑电路的静态测试方法。

3. 初步了解 Quartus Ⅱ 原理图输入设计的全过程。

二、实验原理

3-8 译码器为 3 输入，8 输出。当输入信号按二进制方式的表示值为 N 时（输入端低电平有效），输出端从 0 到 8 记，标号为 N 输出端输出低电平表示有信号产生，而其他则为高电平表示无信号产生。因为 3 个输入端能产生的组合状态有 8 种，所以输出端在每种组合中仅有一位为低电平的情况下，能表示所有的输入组合，因此不需要像编码器实验那样再用一个输出端指示输出是否有效。但可以在输入中加入一个输出使能端，用来指示是否将当前的输入进行有效的译码，当使能端指示输入信号无效或不用对当前信号进行译码时，输出端全为高电平，表示无任何信号。本实验设计中没有考虑使能输入端，自己设计时可以考虑加入使能输入端时，程序如何设计。3-8 译码器真值见表 6-1。

表6-1			3-8译码器真值表							
输入			输 出							
A2	A1	A0	Y7	Y6	Y5	Y4	Y3	Y2	Y1	Y0
0	0	0	0	0	0	0	0	0	0	1
0	0	1	0	0	0	0	0	0	1	0
0	1	0	0	0	0	0	0	1	0	0
0	1	1	0	0	0	0	1	0	0	0
1	0	0	0	0	0	1	0	0	0	0
1	0	1	0	0	1	0	0	0	0	0
1	1	0	0	1	0	0	0	0	0	0
1	1	1	1	0	0	0	0	0	0	0

参考电路原理如图6-5所示。

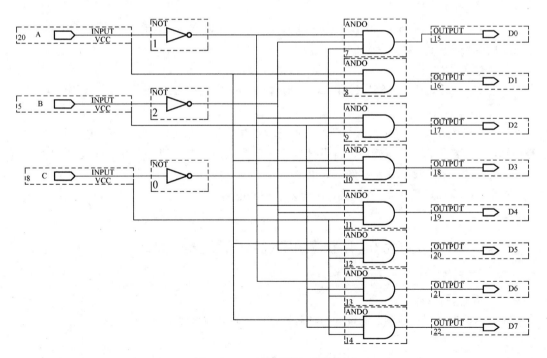

图6-5 3-8译码器电路原理图

三、实验内容

完成了原理图的输入后，就可以对程序进行管脚的定义、编译、仿真、下载，完成整个实验的设计。

实验7　三人裁判表决器设计

一、实验目的

熟悉 Quartus II 的 VHDL 文本设计流程全过程，掌握多种方式组合电路的 VHDL 设计。

二、实验内容

设计三人裁判表决器，表决原则：主裁判一人，必须两人及两人以上同意时才能通过；主裁判不同意时不能通过。用红灯代表未通过，绿灯代表通过。

（1）用与门、或门和非门实现。

（2）直接用 VHDL 语言描述表决器功能。

三、实验报告

分析实验内容（1）和（2）的仿真和实测结果，给出实验报告。

实验8　扫描显示电路的驱动

一、实验目的

了解 RC 教学系统中 8 位 7 段数码管显示模块的工作原理，设计标准扫描驱动电路模块，以备后面实验调用。

二、硬件要求

主芯片：EPF10K10LC84-4（EP1C3），时钟源，8 位 7 段数码显示管，4 位拨码开关。

三、实验内容

（1）用拨码开关产生 8421BCD 码，用 CPLD 产生字形编码电路和扫描驱动电路，然后进行仿真，观察波形，波形正确后进行设计实现，适配化分。调节时钟频率，感受"扫描"的过程，并观察字符亮度和显示刷新的效果。

（2）编一个简单的从 0～F 轮换显示十六进制的电路。

实验9　用状态机实现序列检测器的设计

一、实验目的

用状态机实现序列检测器的设计，并对其进行仿真和硬件测试。

二、实验原理

序列检测器可用于检测一组或多组由二进制码组成的脉冲序列信号，当序列检测器连续收到一组串行二进制码后，如果这组码与检测器中预先设置的码相同，则输出 1，否则输出 0。由于这种检测的关键在于正确码的收到必须是连续的，这就要求检测器必须记住前一次的正确码及正确序列，直到在连续的检测中所收到的每一位码都与预置数的对应码相同。在检测过程中，任何一位不相等都将回到初始状态重新开始检测。

三、实验内容

利用 Quartus II 进行文本编辑输入、仿真测试并给出仿真波形，了解控制信号的时序。最后进行引脚锁定并完成硬件测试实验。

四、实验报告

根据以上的实验内容写出实验报告，包括设计原理、程序设计、程序分析、仿真分析、硬件测试和详细实验过程。

实验 10　用状态机对 ADC0809 的采样控制电路实现

一、实验目的

学习用状态机对 A/D 转换器 ADC0809 的采样控制电路的实现。

二、实验原理

ADC0809 是 CMOS 的 8 位 A/D 转换器，片内有 8 路模拟开关，可控制 8 个模拟量中的一个进入转换器中。ADC0809 的分辨率为 8 位，转换时间约 $100\mu s$，含锁存控制的 8 路多路开关，输出有三态缓冲器控制，单 5V 电源供电。

主要控制信号说明：如图 6-6 所示，START 是转换启动信号，高电平有效；ALE 是 3 位通道选择地址（ADDC、ADDB、ADDA）信号的锁存信号。当模拟量送至某一输入端（如 IN1 或 IN2 等），由 3 位地址信号选择，而地址信号由 ALE 锁存；EOC 是转换情况状态信号（类似于 AD574 的 STATUS），当启动转换约 $100\mu s$ 后，EOC 产生一个负脉冲，以示转换结束；在 EOC 的上升沿后，若使输出使能信号 OE 为高电平，则控制打开三态缓冲器，把转换好的 8 位数据结果输至数据总线。至此 ADC0809 的一次转换结束了。

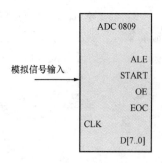

图 6-6　ADC0809 控制信号

三、实验内容

利用 Quartus II 进行文本编辑输入和仿真测试；通过状态机观察器（执行【Tools】/【Netlist Viewer】/【StateMachine Viewer】命令）查看状态转移图。给出仿真波形；进行引脚置顶并硬件下载验证。

实验 11　组 合 电 路 设 计

一、实验目的

掌握组合逻辑电路的设计方法。

掌握组合逻辑电路的静态测试方法。

加深 FPGA 设计的过程，并比较原理图输入和文本输入的优劣。

二、实验的硬件要求

输入：按键开关（常高）4 个，拨码开关 4 位。

输出：LED 灯。

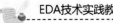

主芯片：EPF10K10LC84-4（EP1C3）。

三、实验内容

1. 设计一个四舍五入判别电路，其输入为8421BCD码，要求当输入大于或等于5时，判别电路输出为1，反之为0。

2. 设计4个开关控制一盏灯的逻辑电路，要求合任一开关，灯亮；断任一开关，灯灭。

3. 设计一个优先权排队电路，其排队顺序：

A＝1　最高优先级

B＝1　次高优先级

C＝1　最低优先级

要求输出端最高只能有一端为"1"，即只能是优先级较高的输入端所对应的输出端为"1"。

四、实验连线

输入信号D3、D2、D1、D0对应的管脚接4个拨码开关。输出信号OUT对应的管脚接LED灯。

输入信号K1、K2、K3、K4对应的管脚接4个按键开关。输出信号OUT对应的管脚接LED灯。

输入信号A、B、C对应的管脚连3个按键开关。输出信号A-OUT、B-OUT、C-OUT对应的管脚分别连3个LED灯。

拨动拨码开关或者按下按键开关，观察LED灯与实验内容是否相符。

实验12　VGA显示接口设计实验

一、实验目的

利用CPLD实现一个VGA显示器彩条发生器。

了解VGA显示器的基本显示原理。

进一步熟悉并掌握分频原理。

二、硬件要求

主芯片EPF10K10LC84-4（EP1C3），可变时钟源，VGA显示器接口，VGA显示器。

三、实验原理

VGA彩色显示器（640×480/60Hz）在显示过程中所必需的信号，除R、G、B三基色信号外，行同步HS和场同步VS也是非常重要的两个信号。显示过程中HS和VS的极性可正可负，显示器内可自动转换为正极性逻辑。

现以正极性为例说明CRT的工作过程。R、G、B为正极性信号，即高电平有效。当VS＝0、HS＝0时，CRT显示的内容为亮的过程，即正向扫描过程约为26μs。当一行扫描完毕，行同步HS＝1，约需6μs；期间，CRT扫描产生消隐，电子束回到CRT左边下一行的起始位置（X＝0，Y＝1），当扫描完480行后，CRT的场同步VS＝1，产生场同步使扫描线回到CRT的第一行第一列（X＝0，Y＝0）处（约为两个行周期）。HS和VS的时序图如图6-7所示。

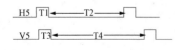

图6-7　HS和VS的时序图

图中，T1 为行同步消隐；T2 为行显示时间（约为 $26\mu s$）；T3 为场同步消隐（2 行周期）；T4 为场显示时间（480 行周期）。本设计的彩条信号发生器可通过外部控制产生 3 种显示模式，共 6 种显示变化（见表 6-2），其中的颜色编码见表 6-3。

表 6-2　　　　　　　　　　　　VGA 显示器的显示模式

1	横彩条	1：白黄青绿品红蓝黑	2：黑蓝红品绿青黄白
2	竖彩条	1：白黄青绿品红蓝黑	2：黑蓝红品绿青黄白
3	棋盘格	1：模式 1	2：模式 2

表 6-3　　　　　　　　　　　　VGA 显示器的颜色编码

颜色	黑	蓝	红	品	绿	青	黄	白
R	0	0	0	0	1	1	1	1
G	0	0	1	1	0	0	1	1
B	0	1	0	1	0	1	0	1

四、实验内容

将示例程序下载到实验仪器上进行测试。

编写 VGA 程序，下载并验证。

CLK 接时钟信号建议使用 66MHz，HS、VS、R、G、B 分别接 VGA 接口的行同步端、场同步端和三色端，MD 模式切换按钮接一位按键开关（有 6 种输出模式，分别是横彩条 1、横彩条 2、竖彩条 1、竖彩条 2、棋盘格 1 和棋盘格 2），如图 6-8 所示。

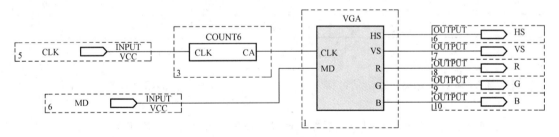

图 6-8　VGA 显示接口电路原理图

五、实验报告

撰写实验报告，详细叙述 VGA 彩条信号发生器的工作原理。

设计可显示横彩条与棋盘格相间的 VGA 彩条信号发生器。

设计可显示英语字母的 VGA 信号发生器。

实验 13　二进制码转换成 BCD 码

一、实验目的

设计并实现一个 4 位二进制码转换成 BCD 码的转换器。

二、实验原理

本实验原理见表 6 - 4。

表 6 - 4　　　　　　　　　　　**二进制码-BCD 码转换真值表**

输入				输　　出				
D3	D2	D1	D0	B4	B3	B2	B1	B0
0	0	0	0	0	0	0	0	0
0	0	0	1	0	0	0	0	1
0	0	1	0	0	0	0	1	0
0	0	1	1	0	0	0	1	1
0	1	0	0	0	0	1	0	0
0	1	0	1	0	0	1	0	1
0	1	1	0	0	0	1	1	0
0	1	1	1	0	0	1	1	1
1	0	0	0	0	1	0	0	0
1	0	0	1	0	1	0	0	1
1	0	1	0	1	0	0	0	0
1	0	1	1	1	0	0	0	1
1	1	0	0	1	0	0	1	0
1	1	0	1	1	0	0	1	1
1	1	1	0	1	0	1	0	0
1	1	1	1	1	0	1	1	0

三、实验连线

输入信号接拨码开关，输出信号接发光二极管。改变拨码开关的状态，观察输出结果。

四、实验记录

记录实验结果，参照表 6 - 4 将实验结果制表，与真值表比较，检验转换的正确性。

第 7 章

课 程 设 计

7.1 概述

一、课程的目的与任务

电子设计自动化课程设计是继模拟电子技术基础、数字电子技术基础、电子技术基础实验课程后，电气类、自控类和电子类等专业学生在电子技术实验技能方面综合性质的实验训练课程，是电子技术基础的一个部分，其目的和任务是通过一周的时间，让学生掌握 EDA 的基本方法，熟悉一种 EDA 软件，能利用 EDA 软件设计一个电子技术综合问题，并在实验板上成功下载，为以后进行工程实际问题的研究打下设计基础。

二、课程的基本要求

（1）通过课程设计使学生能熟练掌握一种 EDA 软件的使用方法，能熟练进行设计输入、编译、管脚分配、下载等过程。

（2）通过课程设计使学生能利用 EDA 软件进行至少一个电子技术综合问题的设计（内容可由教师指定或自由选择），设计输入可采用图形输入法或 VHDL 硬件描述语言输入法。

（3）通过课程设计使学生初步具有分析、寻找和排除电子电路中常见故障的能力。

（4）通过课程设计使学生能独立写出严谨的、有理论根据的、实事求是的、文理通顺的字迹端正的课程设计报告。

（5）考查形式：结合课程设计中的能力表现和设计报告，综合评分。

三、主要设备及器材配置

计算机、EDA 软件、下载实验箱。

7.2 课程设计内容

设计 1 数字式竞赛抢答器

设计内容

（1）设计一个可容纳 6 组（或 4 组）选手参赛的数字式抢答器，每组设一个按钮，供抢答使用。

（2）抢答器具有第一信号鉴别和锁存功能，使除第一抢答者外的按钮不起作用。

（3）设置一个主持人"复位"按钮。

（4）主持人复位后，开始抢答，第一信号鉴别锁存电路得到信号后，由指示灯显示抢答组别，扬声器发出 2～3 秒的音响。

（5）设置一个计分电路，每组开始预置 100 分，由主持人记分，答对一次加 10 分，答错一次减 10 分。

教学提示

此设计问题的关键是准确判断出第一抢答者并将其锁存，实现的方法可使用触发器或锁存器，在得到第一信号后将输入封锁，使其他组的抢答信号无效。

形成第一抢答信号后，用编码、译码及数码显示电路显示第一抢答者的组别，用第一抢答信号推动扬声器发出音响。

计分电路采用十进制加/减计数器、数码管显示，由于每次都是加/减 10 分，所以个位始终为零，只要十位、百位进行加/减运算即可。

设计 2　数　字　钟

设计内容

（1）设计一个能显示 1/10 秒、秒、分、时的 12 小时数字钟。

（2）熟练掌握各种计数器的使用。

（3）能用计数器构成十进制、六十进制、十二进制等所需进制的计数器。

（4）能用低位的进位输出构成高位的计数脉冲。

教学提示

（1）时钟源使用频率为 0.1Hz 的连续脉冲。

（2）设置两个按钮，一个供"开始"及"暂停"用，一个供系统"复位"用。

（3）时钟显示使用数码管显示。

（4）"时显示"部分应注意 12 点后显示 1 点。

（5）注意各部分的关系，由低位到高位逐级设计、调试。

（6）具有时间设定和调整功能。

设计 3　数　字　频　率　计

设计内容

（1）设计一个能测量方波信号的频率的频率计。

（2）测量的频率范围是 0～999 999Hz。

（3）结果用十进制数显示。

教学提示

（1）脉冲信号的频率就是在单位时间内所产生的脉冲个数，其表达式为 $f = N/T$，其中，f 为被测信号的频率；N 为计数器所累计的脉冲个数；T 为产生 N 个脉冲所需的时间。所以，在 1s 时间内计数器所记录的结果，就是被测信号的频率。

（2）被测频率信号取自实验箱晶体振荡器输出信号，加到主控门的输入端。

（3）再取晶体振荡器的另一标准频率信号，经分频后产生各种时基脉冲：1ms，10ms，0.1s，1s 等，时基信号的选择可以控制，即量程可以改变。

（4）时基信号经控制电路产生闸门信号至主控门，只有在闸门信号采样期间内（时基信号的一个周期），输入信号才通过主控门。

（5）$f=N/T$，改变时基信号的周期 T，即可得到不同的测频范围。

（6）当主控门关闭时，计数器停止计数，显示器显示记录结果，此时控制电路输出一个置零信号，将计数器和所有触发器复位，为新的一次采样做好准备。

（7）改变量程时，小数点能自动移位。

设计 4　拔 河 游 戏 机

设计内容

（1）设计一个能进行拔河游戏的电路。

（2）电路使用 15 个（或 9 个）发光二极管，开机后只有中间一个发亮，此即拔河的中心点。

（3）游戏双方各持一个按钮，迅速地、不断地按动，产生脉冲，谁按得快，亮点就向谁的方向移动，每按一次，亮点移动一次。

（4）亮点移到任一方终端二极管时，该方获胜，此时双方按钮均无作用，输出保持，只有复位后才使亮点恢复到中心。

用数码管显示获胜者的盘数。

教学提示

（1）按钮信号即输入的脉冲信号，每按一次按钮都应能进行有效的计数。

（2）用可逆计数器的加、减计数输入端分别接受两路脉冲信号，可逆计数器原始输出状态为 0000，经译码器输出，使中间一只二极管发亮。

（3）当计数器进行加法计数时，亮点向右移；进行减法计数时，亮点向左移。

（4）由一个控制电路指示谁胜谁负，当亮点移到任一方终端时，由控制电路产生一个信号，使计数器停止计数。

（5）将双方终端二极管"点亮"信号分别接两个计数器的"使能"端，当一方取胜时，相应的计数器进行一次计数，这样得到双方取胜次数的显示。

（6）设置一个"复位"按钮，使亮点回到中心，取胜计数器也要设置一个"复位"按钮，使之能清零。

设计 5　乒 乓 球 比 赛 游 戏 机

设计内容

（1）设计一个由甲、乙双方参赛，有裁判的 3 人乒乓球游戏机。

（2）用 8 个（或更多个）LED 排成一条直线，以中点为界，两边各代表参赛双方的位置，其中一只点亮的 LED 指示球的当前位置，点亮的 LED 依此从左到右，或从右到左，其移动的速度应能调节。

（3）当"球"（点亮的那只 LED）运动到某方的最后一位时，参赛者应能果断地按下位于自己一方的按钮，即表示启动球拍击球。若击中，则球向相反方向移动；若未击中，则对方得 1 分。

（4）一方得分时，电路自动响铃 3s，这期间发球无效，等铃声停止后方能继续比赛。

（5）设置自动记分电路，甲、乙双方各用 2 位数码管进行记分显示，每计满 21 分为 1 局。

（6）甲、乙双方各设一个发光二极管，表示拥有发球权，每隔 5 次自动交换发球权，拥有发球权的一方发球才有效。

教学提示

（1）用双向移位寄存器的输出端控制 LED 显示来模拟乒乓球运动的轨迹，先点亮位于某一方的第 1 个 LED，由击球者通过按钮输入开关信号，实现移位方向的控制。

（2）也可用计数译码方式实现乒乓球运动轨迹的模拟，如利用加/减计数器的 2 个时钟信号实现甲、乙双方的击球，由表示球拍的按钮产生计数时钟，计数器的输出状态经译码驱动 LED 发亮。

（3）任何时刻都保持一个 LED 发亮，若发亮的 LED 运动到对方的终点，但对方未能及时输入信号使其向相反方向移动，即失去 1 分。

（4）控制电路决定整个系统的协调动作，必须严格掌握各信号之间的关系。

设计6 交通信号灯控制器

设计内容

（1）设计一个交通信号灯控制器，由一条主干道和一条支干道汇合成十字路口，在每个入口处设置红、绿、黄三色信号灯，红灯亮禁止通行，绿灯亮允许通行，黄灯亮则给行驶中的车辆有时间停在禁行线外。

（2）用红、绿、黄发光二极管做信号灯，用传感器或逻辑开关做检测车辆是否到来的信号。

（3）主干道处于常允许通行的状态，支干道有车来时才允许通行。主干道亮绿灯时，支干道亮红灯；支干道亮绿灯时，主干道亮红灯。

（4）主、支干道均有车时，两者交替允许通行，主干道每次放行 45s，支干道每次放行 25s，设立 45s、25s 计时、显示电路。

（5）在每次由绿灯亮到红灯亮的转换过程中，要亮 5s 黄灯作为过渡，使行驶中的车辆有时间停到禁行线外，设立 5s 计时、显示电路。

教学提示

（1）主、支干道用传感器检测车辆到来情况，实验电路用逻辑开关代替。

（2）选择 1Hz 时钟脉冲作为系统时钟。

（3）45s、25s、5s 定时信号可用顺计时，也可用倒计时，计时起始信号由主控电路给出，每当计满所需时间，即向主控电路输出"时间到"信号，并使计数器清零，由主控电路启、闭三色信号灯或启动另一计时电路。

(4) 主控电路是核心，这是一个时序电路，其输入信号为：车辆检测信号（A、B）；45s、25s、5s 定时信号（C、D、E），其输出状态控制相应的三色灯。主控电路可以由两个 JK 触发器和逻辑门构成，其输出经译码后，控制主干道三色灯 R、G、Y 和支干道三色灯 r、g、y。

设计 7　电子密码锁

设计内容

(1) 设计一个密码锁的控制电路，当输入正确代码时，输出开锁信号以推动执行机构工作，用红灯亮、绿灯熄灭表示关锁，用绿灯亮、红灯熄灭表示开锁。

(2) 在锁的控制电路中储存一个可以修改的 4 位代码，当开锁按钮开关（可设置成 6～8 位，其中实际有效为 4 位，其余为虚设）的输入代码等于储存代码时，开锁。

(3) 从第一个按钮触动后的 5s 内若未将锁打开，则电路自动复位并进入自锁状态，使之无法再打开，并由扬声器发出持续 20s 的报警信号。

教学提示

(1) 该题的主要任务是产生一个开锁信号，而开锁信号的形成条件是，输入代码和已设密码相同。实现这种功能的电路构思有多种，如用两片 8 位锁存器，一片存入密码，另一片输入开锁的代码，通过比较的方式，若两者相等，则形成开锁信号。

(2) 在产生开锁信号后，要求输出声、光信号，声音的产生由开锁信号触动扬声器工作，光信号由开锁信号点亮 LED 指示灯。

(3) 用按钮开关的第一个动作信号触发一个 5s 定时器，若 5s 内无开锁信号产生，让扬声器发出特殊音响，以示警告，并输出一个信号推动 LED 不断闪烁。

设计 8　彩灯控制器

设计内容

(1) 设计一个彩灯控制器，使彩灯（LED）能连续表现出 4 种以上不同的显示形式。

(2) 随着彩灯显示图案的变化，发出不同的音响声。

教学提示

(1) 彩灯显示的不同形式可由不同进制计数器驱动 LED 显示完成。

(2) 音响由选择不同频率 CP 脉冲驱动扬声器形成。

设计 9　脉冲按键电话显示器

设计内容

(1) 设计一个具有 8 位显示的电话按键显示器。

(2) 能准确地反映按键数字。

（3）显示器显示从低位向高位前移，逐位显示按键数字，最低位为当前输入位。

（4）＊设置一个"重拨"键，按下此键，能显示最后一次输入的电话号码。

（5）＊挂机 2s 后或按熄灭按键，熄灭显示器显示。

教学提示

（1）利用中规模计数器的预置数功能可以实现不同的按键对应不同的数字。

（2）设置一个计数器记录按键次数，从而实现数字显示的移位。

设计 10 简 易 电 子 琴

设计内容

（1）设计一个简易电子琴。

（2）利用实验箱的脉冲源产生 1、2、3、…共 7 个或 14 个音阶信号。

（3）用指示灯显示节拍。

（4）能产生颤音效果。

教学提示

各音阶信号由脉冲源经分频得到。

设计 11 出租车自动计费器

设计内容

（1）设计一个出租车自动计费器，具有行车里程计费、等候时间计费及起价 3 部分，用 4 位数码管显示总金额，最大值为 99.99 元。

（2）行车里程单价 1 元/km，等候时间单价 0.5 元/10min，起价 3 元（3km 起价），均能通过人工输入。

（3）行车里程的计费电路将汽车行驶的里程数转换成与之成正比的脉冲数，然后由计数译码电路转换成收费金额，实验中以一个脉冲模拟汽车前进 10m，则每 100 个脉冲表示 1km，然后用 BCD 码比例乘法器将里程脉冲乘以每千米单价的比例系数，比例系数可由开关预置。例如，单价是 1.0 元/km，则脉冲当量为 0.01 元/脉冲。

（4）用 LED 显示行驶千米数，两个数码管显示收费金额。

教学提示

（1）等候时间计费需将等候时间转换成脉冲个数，用每个脉冲表示的金额与脉冲数相乘即得计费数。例如，100 个脉冲表示 10min，而 10min 收费 0.5 元，则脉冲当量为 0.05 元/脉冲，如果将脉冲当量设置成与行车里程计费相同（0.01 元/脉冲），则 10min 内的脉冲数应为 500 个。

（2）用 LED 显示等候时间，两个数码管表示等候时间收费金额。

（3）用加法器将几项收费相加，$P = P_1 + P_2 + P_3$。

（4）P_1 为起价，P_2 为行车里程计费，P_3 为等候时间计费，用两个数码管表示结果。

设计 12 洗 衣 机 控 制 器

设计内容

（1）设计一个电子定时器，控制洗衣机做如下运转：定时启动→正转 20s→暂停 10s→反转 20s→暂停 10s→定时未到回到"正转 20s→暂停 10s→……"，定时到则停止。

（2）若定时到，则停机发出音响信号。

（3）用两个数码管显示洗涤的预置时间（分钟数），按倒计时方式对洗涤过程作计时显示，直到时间到停机；洗涤过程由"开始"信号开始。

（4）3 只 LED 表示"正转"、"反转"、"暂停" 3 个状态。

教学提示

（1）设计 20s、10s 定时电路。

（2）电路输出为"正转"、"反转"、"暂停" 3 个状态。

（3）按照设计要求，用定时器的"时间到"信号启动相应的下一个定时器工作，直到整个过程结束。

设计 13 秒 表 设 计

设计内容

秒表的逻辑结构较简单，它主要由显示译码器、分频器、十进制计数器、报警器和六进制计数器组成。在整个秒表中最关键的是如何获得一个精确的 100Hz 计时脉冲，除此之外，整个秒表还需有一个启动信号和一个归零信号，以便秒表能随意停止及启动。

秒表共有 6 个输出显示，分别为百分之一秒、十分之一秒、秒、十秒、分、十分，所以共有 6 个计数器与之相对应，6 个计数器的输出全都为 BCD 码输出，这样便于与显示译码器的连接。

教学提示

（1）4 个 10 进制计数器：用来分别对百分之一秒、十分之一秒、秒和分进行计数。

（2）2 个 6 进制计数器：用来分别对十秒和十分进行计数。

（3）分频率器：用来产生 100Hz 计时脉冲；显示译码器：完成对显示的控制。

设计 14 简易函数信号发生器设计

设计内容

设计一个可以产生正弦波、方波、三角波的函数发生器，要求频率可调。

教学提示

三角波产生的原理比较简单，我们可以采用 0～255～0 的循环/加减法计数器实现；方波产生原理让计数器在 0 和 255 时各保持输出半个周期。正弦波的生成比较麻烦，一般采用查表

法来实现，正弦表值可以用 MATLAB、C 等程序语言生成。在一个周期取样点越多则输出波形的失真度越小，但是点越多存储正弦波表值所需要的空间就越大，编写就越麻烦。在要求不是很严格的情况下取 64 点即可。

正弦波波形数据 ROM 可以由多种方式实现，如由逻辑方式在 FPGA 中实现；或利用 LPM_ROM 实现。相比之下，建议大家使用 ALTERA 的 LPM_ROM 模块，该模块必须在 Altera 的含有 EAB 的器件上才能使用，对于没有 EAB 单元的器件只好采用第一种方法。

下面是一个用 C 语言实现正弦表的方法，用 Turbo C 编译下面的代码。

```
#include <stdio.h>
#include "math.h"
main ( )
{int i; float s ;
for(i = 0; i < 64; i + + )
{s = sin (atan(1) * 8 * i/64);
printf("%d:%d;\n", i, (int)((s + 1) * 63/2));
}
    }
```

把上述 C 程序编译成程序后，在 DOS 命令行下执行：romgen>sin_rom.mif 命令，生成 sin_rom.mif 文件，在该文件中加上 .mif 文件的头部说明即可在 LPM_ROM 模块中调用，具体操作过程可参考 ALTERA 提供的 LPM_ROM 模块的使用帮助。

调频方法：较好的方法是用 DDS，DDS 比较复杂，在这里建议大家使用对输入信号分频的方法，即用一预置数计数器来实现调频器的作用。

设计 15　采用流水线技术设计高速数字相关器

1. 实验目的

设计一个在数字通信系统中常见的数字相关器，并利用流水线技术提高其工作速度，对其进行仿真和硬件测试。

2. 实验原理

数字相关器用于检测等长度的两个数字序列间相等的位数，实现序列间的相关运算。一位相关器，即异或门，异或的结果可以表示两个 1 位数据的相关程度。异或为 0 表示数据位相同，异或为 1 表示数据位不同。多位数字相关器可以由多个一位相关器构成，如 N 位的数字相关器由 N 个异或门和 N 个 1 位相关结果统计电路构成。

3. 实验内容 1

根据上述原理设计一个并行 4 位数字相关器（［例 6-4］是示例程序）。

提示：利用 CASE 语句完成 4 个 1 位相关结果的统计。

【例 7-1】

```
stemp < = a XOR b;
```

```
PROCESS(stemp) BEGIN
    CASE stemp IS
        WHEN "0000" => c <= "100";                                       --4
        WHEN "0001"|"0010"|"0100"|"1000" => c <= "011";                  --3
        WHEN "0011"|"0101"|"1001"|"0110"|"1010"|"1100" => c <= "010";    --2
        WHEN "0111"|"1011"|"1101"|"1110" => c <= "001";                  --1
        WHEN "1111" => c <= "000";                                       --0;
        WHEN OTHERS => c <= "000";
    END CASE;
END PROCESS;
```

4. 实验内容 2

利用实验内容 1 中的 4 位数字相关器设计并行 16 位数字相关器。使用 Quartus II 估计最大延时，并计算可能运行的最高频率。

5. 实验内容 3

在上一步骤的基础上，利用设计完成的 4 位数字相关器设计并行 16 位数字相关器，并利用 Quartus II 计算运行速度。

6. 实验内容 4

上面的 16 位数字相关器是用 3 级组合逻辑实现的，在实际使用时，对其有高速的要求，试使用流水线技术改善其运行速度。在输入/输出及每一级组合逻辑的结果处加入流水线寄存器，提高速度，可参照本章内容进行设计。

7. 实验思考题

考虑采用流水线后的运行速度与时钟（clock）的关系，测定输出与输入的总延迟。若输入序列是串行化的，数字相关器的结构如何设计？如何利用流水线技术提高其运行速度？

8. 实验报告

根据以上的实验内容写出实验报告，包括设计原理、程序设计、程序分析、仿真分析、硬件测试和详细实验过程。

设计 16　循环冗余校验（CRC）模块设计

1. 设计要求

设计一个在数字传输中常用的校验、纠错模块：循环冗余校验 CRC 模块，学习使用 FPGA 器件完成数据传输中的差错控制。

2. 设计原理

CRC 即 Cyclic Redundancy Check 循环冗余校验，是一种数字通信中的信道编码技术。经过 CRC 方式编码的串行发送序列码，可称为 CRC 码，共由两部分构成：k 位有效信息数据和 r 位 CRC 校验码。其中 r 位 CRC 校验码是通过 k 位有效信息序列被一个事先选择的 $r+1$ 位"生成多项式"相"除"后得到的（r 位余数即是 CRC 校验码），这里的除法是"模 2 运算"。CRC 校验码一般在有效信息发送时产生，拼接在有效信息后被发送；在接收端，CRC 码用同样的生成多项式相除，除尽表示无误，弃掉 r 位 CRC 校验码，接收有效信息；反之，则表示传输出错，纠错或请求重发。本设计完成 12 位信息加 5 位 CRC 校验码发送、接收，由两个模块构成，CRC 校验生成模块（发送）和 CRC 校验检错模块（接收），采用输入、输出都为并行的 CRC 校验生成方式。图 7-1 所示的 CRC 模块端口数据说明如下。

sdata：12 位的待发送信息。

datald：sdata 的装载信号。

error：误码警告信号。

datafini：数据接收校验完成。

rdata：接收模块（检错模块）接收的 12 位有效信息数据。

clk：时钟信号。

datacrc：附加上 5 位 CRC 校验码的 17 位 CRC 码，在生成模块被发送，在接收模块被接收。

hsend、hrecv：生成、检错模块的握手信号，协调相互之间关系。

图 7-1 CRC 模块

[例 7-2] 中采用的 CRC 生成多项式为 $X^5 + X^4 + X^2 + 1$，校验码为 5 位，有效信息数据为 12 位。

【例 7-2】

```
LIBRARY ieee;
USE ieee. std_logic_1164. ALL;
USE ieee. std_logic_unsigned. ALL;
USE ieee. std_logic_arith. ALL;
ENTITY crcm IS
    PORT (clk , hrecv, datald:IN std_logic;
          sdata          :IN std_logic_vector(11 DOWNTO 0);
          datacrco       :OUT std_logic_vector(16 DOWNTO 0);
          datacrci       :IN std_logic_vector(16 DOWNTO 0);
          rdata          :OUT std_logic_vector(11 DOWNTO 0);
          datafini       :OUT std_logic;
          ERROR0 , hsend :OUT std_logic);
END crcm;
ARCHITECTURE comm OF crcm IS
    CONSTANT multi_coef:std_logic_vector(5 DOWNTO 0):= "110101";
            --多项式系数,MSB 一定为'1'
    SIGNAL  cnt , rcnt:std_logic_vector(4 DOWNTO 0);
    SIGNAL  dtemp , sdatam,rdtemp  :std_logic_vector(11 DOWNTO 0);
```

```vhdl
      SIGNAL  rdatacrc:std_logic_vector(16 DOWNTO 0);
      SIGNAL  st , rt  :std_logic;
BEGIN
PROCESS(clk)
      VARIABLE crcvar:std_logic_vector(5 DOWNTO 0);
BEGIN
      IF(clk'event AND clk = '1') THEN
          IF(st = '0' AND datald = '1') THEN  dtemp < = sdata;
    sdatam < = sdata; cnt < = (OTHERS = > '0');  hsend < = '0';  st < = '1';
          ELSIF(st = '1' AND cnt < 7) THEN  cnt < = cnt + 1;
          IF(dtemp(11) = '1') THEN  crcvar: = dtemp(11 DOWNTO 6) XOR multi_coef;
              dtemp < = crcvar(4 DOWNTO 0) & dtemp(5 DOWNTO 0) & '0';
                ELSE  dtemp < = dtemp(10 DOWNTO 0) & '0';  END IF;
          ELSIF(st = '1' AND cnt = 7) THEN datacrco< = sdatam & dtemp(11 DOWNTO 7);
              hsend < = '1';  cnt < = cnt + 1;
          ELSIF(st = '1' AND cnt = 8) THEN  hsend< = '0';  st< = '0';
          END IF;
      END IF;
END PROCESS;
PROCESS(hrecv , clk)
      VARIABLE rcrcvar:std_logic_vector(5 DOWNTO 0);
BEGIN
      IF(clk'event AND clk = '1') THEN
        IF(rt = '0' AND hrecv = '1') THEN  rdtemp < = datacrci(16 DOWNTO 5);
          rdatacrc < = datacrci;  rcnt < = (OTHERS = > '0');
          ERROR0 < = '0';    rt < = '1';
          ELSIF(rt = '1' AND rcnt < 7) THEN  datafini < = '0';  rcnt < = rcnt + 1;
              rcrcvar: = rdtemp(11 DOWNTO 6) XOR multi_coef;
              IF(rdtemp(11) = '1') THEN
                rdtemp < = rcrcvar(4 DOWNTO 0) & rdtemp(5 DOWNTO 0) & '0';
              ELSE  rdtemp < = rdtemp(10 DOWNTO 0) & '0';
              END IF;
          ELSIF(rt = '1' AND rcnt = 7) THEN  datafini < = '1';
              rdata < = rdatacrc(16 DOWNTO 5);  rt < = '0';
              IF(rdatacrc(4 DOWNTO 0) / = rdtemp(11 DOWNTO 7)) THEN
                ERROR0 < = '1'; END IF;
          END IF;
        END IF;
END PROCESS;
END comm;
```

3. 实验内容 1

编译以上示例文件，给出仿真波形。

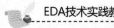

4. 实验内容 2

建立一个新的设计，调入 crcm 模块，把其中的 CRC 校验生成模块和 CRC 校验查错模块连接在一起，协调工作。引出必要的观察信号，锁定引脚，并在 EDA 实验系统上实现之。

5. 思考题 1

［例 7 - 2］中对 st、rt 有不妥之处，试解决之（提示：复位 reset 信号的引入有助于问题的解决）。

6. 思考题 2

如果输入数据、输出 CRC 码都是串行的，设计该如何实现（提示：采用 LFSR）？

7. 思考题 3

在［例 7 - 2］程序中需要 8 个时钟周期才能完成一次 CRC 校验，试重新设计使得在一个 clk 周期内完成。

8. 实验报告

叙述 CRC 的工作原理，将设计原理、程序设计与分析、仿真分析和详细实验过程写入实验报告。

设计 17　FPGA 步进电机细分驱动控制设计

1. 设计要求

学习用 FPGA 实现步进电机的驱动和细分控制。

2. 设计内容 1

完成图 7 - 2 所示的步进电机控制电路的验证性实验。首先引脚锁定。

步进电机的 4 个相：Ap、Bp、Cp、Dp（对应程序中的 Y0、Y1、Y2、Y3），根据第 1 章注释分别与"38"和"42"或"7"（见 GW48 主系统标注）相接。端口机 FPGA 的 IO 口在边上已标出。

CLK0 接 clock0，选择 4Hz；CLK5 接 clock5，选择 32768Hz；S 接 PIO6（键 7），控制步进电机细分旋转（1/8 细分，2.25 度/步），或不细分旋转（18 度/步）；U_D 接 PIO7（键 8），控制旋转方向。

选择模式 No.5，用 Quartus 下载 step_1c3 中的 step_a.sof 到目标芯片中，观察电机工作情况。

操作中用键 8 控制转向，键 7 控制转动模式，高电平细分控制、低电平普通控制方式。

给出电机的驱动仿真波形，与示波器中观察到的电机控制波形进行比较。

3. 实验内容 2

设计 2 个电路：①要求能按给定细分要求，采用 PWM 方法，用 FPGA 对步进电机转角进行细分控制（利用 Quartus Ⅱ 的 EAB 在系统编辑器实时在系统编辑调试 ROM3 中的细分控制数据）；②用 FPGA 实现对步进电机的匀加速和匀减速控制。

4. 实验内容 3

为使步进电机能平稳地运行，并尽快从起点到达终点，步进电机应按照以下控制方式运行：启动→匀加速→匀速→匀减速→停止。当给定终点位置（转角）以后，试用 FPGA 实现此控制。

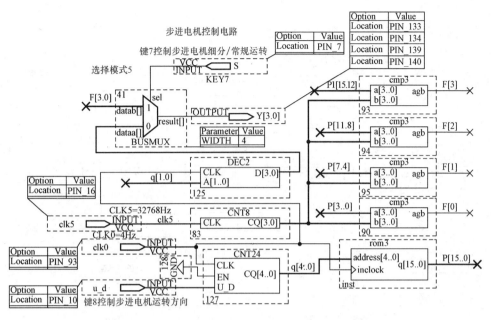

图 7-2 步进电机 PWM 细分控制控制电路图

5. 实验内容 4

步进电机在步距角 8 细分的基础上，试通过修改控制电路对步距角进一步细分。

6. 实验内容 5

用嵌入式逻辑分析仪观察细分控制/普通控制方式驱动信号的实时波形（见图 7-3、图 7-4），并给予分析解释。

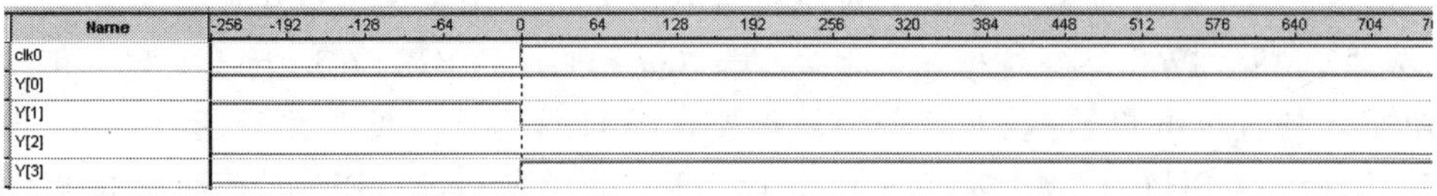

图 7-3 嵌入式逻辑分析仪测试波形：4 相步进电机普通工作方式驱动波形

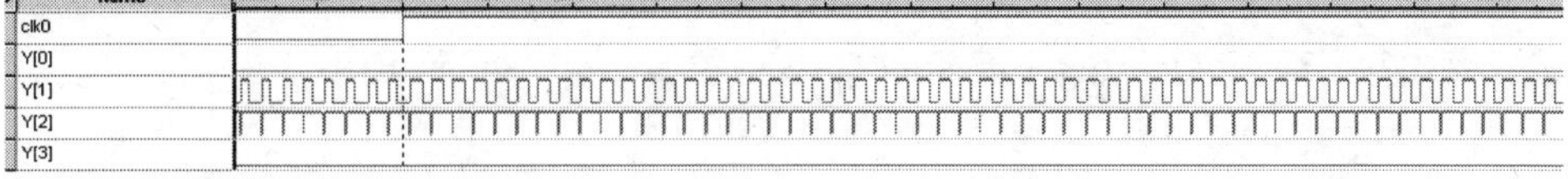

图 7-4 嵌入式逻辑分析仪测试波形：4 相步进电机细分驱动工作方式驱动波形

设计 18　直流电机的 PWM 控制

1. 设计要求

学习直流电机 PWM 的 FPGA 控制。

掌握 PWM 控制的工作原理，对直流电机进行速度控制、旋转方向控制、变速控制。

2. 设计内容 1

完成图 7 - 5 所示的直流电机控制电路的验证性实验。

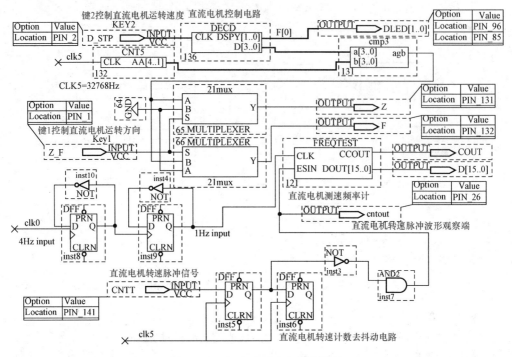

图 7 - 5 FPGA 直流电机控制模块

首先引脚锁定。

直流电机模块中的 MA2、MA1（对应程序中的 Z、F）根据第 1 章注释分别与"38"和"42"或"7"（见 GW48 主系统标注）相接。端口机 FPGA 的 IO 口在边上已标出。用于控制直流电机；测直流电机转速的 MA-CNT 端接，即 CNTT 端（见主系统标注）；CLK5 接 clock5，选择 32768Hz；CLK0 接 clock0，选择 4Hz；分频成 1Hz 后作为转速测量的频率计的门控时钟。

键 1（PIO0，接 Z_F）控制旋转方向；键 2（PIO1，D_STP）控制旋转速度。连续按动此键时，由数码管 7 显示 0、1、2、3 指示 4 个速度级别；转速由数码管 4、3、2、1 显示。

选择模式 No.5，用 Quartus 下载 step_1c3 中的 step_a.sof 到 EP1C3 中，观察电机工作情况。

给出电机的驱动仿真波形，与示波器中观察到的电机控制波形进行比较。

3. 设计内容 2

实现直流电机的闭环控制，旋转速度可设置。

4. 设计内容 3

在 FPGA 中加上脉冲信号"去抖动"电路，对来自红外光电电路测得的转速脉冲信号进行"数字滤波"，实现对直流电机转速的精确测量，进而在此基础上实现闭环精确控制。并设计相应控制电路。

5. 设计内容 4

图 7 - 6 所示的下方已经给出"去抖动"电路的参考电路，试分析其工作原理。直流电

速度为1级时 F 输出的 PWM 波，cntout 是转速计数脉冲。

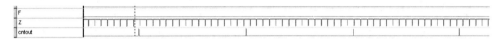

图 7-6 嵌入式逻辑分析仪测试波形

图 7-7 所示是利用嵌入式逻辑分析仪测试波形，直流电机速度为 3 级时 Z 输出的 PWM 波（转向已变），cntout 是转速计数脉冲。

图 7-7 嵌入式逻辑分析仪测试波形

设计 19 测 相 仪 设 计

1. 设计原理

首先利用等精度频率计测得占空比：$K = N_1/(N_1 + N_2)$。

其中，N_1 是高电平脉宽时间内的计数值，N_2 是低电平脉宽时间内的计数值。图 7-8 所示的 TPAS. GDF 工程中的模块 ETESTER 的功能结构和源程序与以上的等精度频率计完全相同，只是在原来的待测频率输入端 TCLK 接了一个鉴相器模块 EPD，它的电路结构如图 7-9 所示。图 7-8 中的模块 ETESTER 即为以上的等精度频率计。由图 7-10 可知，两路同频率不同相位的时钟信号 PA 和 PB 通过鉴相器 EPD 后，将输出一路具有不同占空比的脉冲波形。其频率与输入频率相同，而占空比与 PB 和 PA 信号上升沿的时间有关。显然 EPD 的脉宽等于 PB 和 PA 信号上升沿的时间差。这个时间差即为 PB、PA 间的相位差。它正好等于 EPD 的占空比乘以 $360°$，即相位差$= K \times 360° = N_1/(N_1 + N_2)360°$。

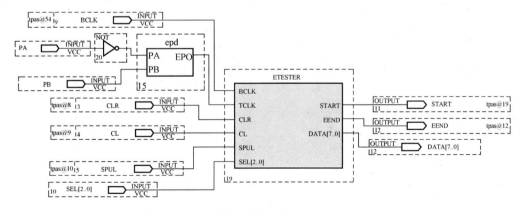

图 7-8 测相仪电路原理图（TPAS. gdf 工程）

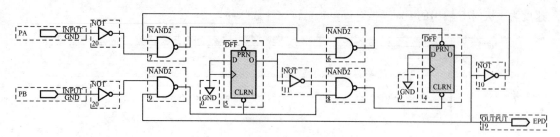

图 7-9　相位检测原理图 epd

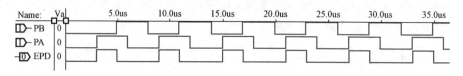

图 7-10　鉴相器 EPD 的仿真波形

2. 测试步骤

连上接地线，两路被测信号进入 GWDVPB 板上的 PIO16 和 PIO17，按键 1 测频率、键 2 测占空比、键 3 测鉴相后的脉冲信号的脉宽、测此两路信号的相位差。为了得到两路移相信号，在 GW48 系统上插上对应的适配板，用示波器测出两路正弦信号，使输出峰峰值不大于 4V；用两接线及一地线将由 GW48 主系统上的两路正弦信号（严格情况下要求整形）接到 GWDVPB 板上的两个输入端口（PIO16/PIO17），以便测它们的频率和相差。